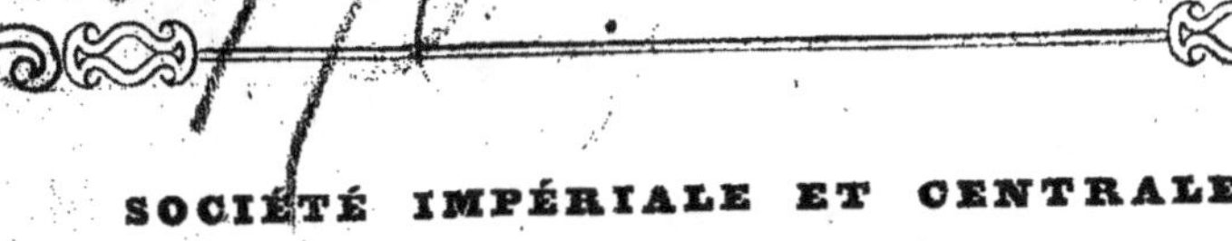

SOCIÉTÉ IMPÉRIALE ET CENTRALE
D'AGRICULTURE.

DE LA CULTURE

DE

LA VIGNE

ET DE LA PRODUCTION DU VIN

EN ALGÉRIE.

RAPPORT LU A LA SOCIÉTÉ IMPÉRIALE ET CENTRALE
D'AGRICULTURE,
DANS SA SÉANCE DU 27 JANVIER 1859,

PAR

M. Ch. HÉRICART DE THURY,
propriétaire à Saint-Denis-du-Sig, province d'Oran,
membre correspondant de la Société impériale et centrale d'agriculture.

Quid non ebrietas designat?
HORACE, lib. I, epist. 5.

PARIS,
IMPRIMERIE ET LIBRAIRIE D'AGRICULTURE ET D'HORTICULTURE
DE Mme Ve BOUCHARD-HUZARD,
5, RUE DE L'ÉPERON.

1859

SOCIÉTÉ IMPÉRIALE ET CENTRALE

D'AGRICULTURE.

DE LA CULTURE

DE

LA VIGNE

ET DE LA PRODUCTION DU VIN

EN ALGÉRIE.

RAPPORT LU A LA SOCIÉTÉ IMPÉRIALE ET CENTRALE
D'AGRICULTURE,
DANS SA SÉANCE DU 27 JANVIER 1859,

PAR

M. Ch. HÉRICART DE THURY,
propriétaire à Saint-Denis-du-Sig, province d'Oran,
membre correspondant de la Société impériale et centrale d'agriculture.

Quid non ebrietas designat?
HORACE, lib. I, epist. 5.

MESSIEURS,

En 1855, l'Algérie possédait 2,306 hectares 76 ares 60 centiares de Vignes, répartis ainsi :

Alger. . . .	1,001h. 76a. »	2,306h. 76a. 60c.
Oran. . . .	1,020 05 60c.	
Constantine. .	284 97 »	

AUTEURS CITÉS :

Topographie de tous les vignobles connus	de A. JULLIEN.
Traité de la culture de la Vigne	de A. LENOIR.
De la Vigne et de ses produits	du Dr ARTHAUD.
Chimie appliquée à la viticulture	de G. LADREY.
La culture des Vignes dans le Médoc	de A. D'ARMAILHAC.
Histoire et statistique de la Vigne et des grands vins de la Côte-d'Or	de J. LAVALLE.

49 colons envoyaient à l'exposition universelle des vins et alcools ; 23 récompenses furent décernées. Le jury déclara, dans son rapport, que

« La dégustation fait découvrir, dans la collection des vins « de l'Algérie, des qualités supérieures, sur lesquelles elle « appelle l'attention du commerce. »

Deux ans après, en 1857, la culture a augmenté dans la proportion suivante :

Alger. . . .	709 h.	1,332 h.
Oran	406	
Constantine . . .	217	

A l'exposition de la Société impériale et centrale d'horticulture de Paris du mois de mai 1858, l'Algérie envoie des vins, et le rapport du jury est conçu dans les termes suivants :

« X. — VINS ET ALCOOLS.

« La Vigne commence à s'étendre en Algérie, et tout porte à penser que, dans un avenir assez prochain, cette culture, qui forme la principale richesse de la France, deviendra également une source importante de produits pour sa sœur d'Afrique ; mais il ne faut pas se le dissimuler, sous ce rapport, plus peut-être que sous tous les autres, les cultivateurs algériens doivent éviter d'entrer dans une voie qui pourrait leur devenir funeste ; ils doivent s'attacher à perfectionner leurs procédés de culture, surtout de fabrication des vins, et se faire une loi de n'y employer absolument que du Raisin. Éclairée par l'examen qu'elle a fait de leurs vins, la commission leur doit non-seulement la vérité qu'elle ne craindra pas de leur dire, mais encore quelques conseils qu'elle espère devoir tourner à leur profit.

« L'appréciation des vins ne pouvant être faite que par des hommes exercés de longue date à saisir les plus légères nuances, MM. Boisduval et Andry, qui avaient été chargés de l'examen de ceux dont les échantillons figuraient cette année à l'exposition de l'Algérie, n'ont pas cru devoir s'en rapporter à eux seuls; ils ont sollicité et obtenu l'obligeant concours des membres de la commission de dégustation pour la ville de Paris, M. Casterat, chef, et MM. Humbert, Balmont, Arnheiter. Tous ensemble, ces habiles dégustateurs ont consacré à leurs opérations trois séances qui ont eu pour objet, la première les vins blancs, la deuxième les vins rouges et les vins de liqueur, la troisième les eaux-de-vie et alcools.

« 32 vins blancs avaient été envoyés des différentes parties de l'ancienne régence; sur ce nombre, 13 ont dû être rejetés comme étant devenus complétement acides; 10 autres ont été également écartés, parce qu'ils ont été reconnus additionnés de substances étrangères; 9 seulement, provenant tous de la récolte de 1857, ont pu être appréciés et classés. Parmi ceux-ci, la sous-commission en a distingué 3, qui avaient été exposés par MM. Sivinde, de Mascara; Marguerite, de Milianah; Coulon-Denis, de Mascara. Après une nouvelle épreuve, ce dernier a semblé mériter décidément la préférence comme étant supérieur en qualité, comme ayant été fabriqué avec plus de soin, enfin comme présentant plus de garanties de bonne conservation.

« Les 34 vins rouges qui ont été dégustés provenaient des récoltes de 1850, 1851, 1853, 1856 et 1857. Sur ce nombre, 27 ont été éliminés, les uns étant devenus entièrement acides, les autres ayant été additionnés de substances étrangères. Ceux qui ont été classés au premier rang sont ceux de M. Brambilla, à Bone (1857), de M. Finaton, à Oran (1857), et un vin rancio de 1850 envoyé par le père Brumauld, de l'Orphelinat de Ben-Eknoun, à Boufarick. Le meilleur, ou, pour employer les termes du rapport de M. Andry, le moins mauvais de tous a été celui de M. Finaton, bien qu'il eût un goût de fût très-prononcé.

« Les vins algériens qui ont été reconnus les meilleurs sont deux vins de liqueur, dont un, de 1856, était exposé par M. Cabassot, et dont l'autre, récolté en 1856 et 1857, avait été envoyé par M. Allemand, de Milianah. Ce dernier avait un cachet particulier et tenait le milieu entre les vins de Madère et ceux de Malaga.

« Comme on l'a vu, la plupart de ces vins avaient perdu toute leur valeur par l'effet d'une addition de substances étrangères, ou, pour mieux préciser, aromatiques. Il serait fort à regretter que les colons algériens persistassent à suivre, à cet égard, le déplorable exemple que leur donnent nombre de propriétaires européens. On ne saurait le dire trop haut, toute addition de matières étrangères, ou même seulement de parfums, aux vins de quelque mérite a pour résultat certain d'en altérer profondément la qualité et d'en diminuer beaucoup la valeur; tel est notamment l'effet de l'usage qui règne en Italie et ailleurs d'aromatiser les vins, usage qu'on voit avec douleur se répandre même dans quelques grands crus. C'est ainsi, par exemple, que les vins du Rhin sont aujourd'hui, pour la plupart, aromatisés, c'est-à-dire dénaturés au moyen de la Sauge sclarée. Ce que nous venons de dire montre que, malheureusement, les colons africains n'ont pas su échapper à la funeste contagion de l'exemple; mais chez eux, qui en sont encore à peu près au début de la culture de la Vigne, le mal n'a pu s'enraciner profondément, et il suffira probablement de le signaler pour en amener la guérison. Qu'ils songent donc que, loin d'améliorer leurs vins en y ajoutant de la fleur de Sureau, de la racine d'Iris, de la Coriandre, des plantes aromatiques, etc., ils en font des boissons détestables, bien inférieures à ce qu'elles seraient dans leur état naturel, et qu'ils renoncent pour toujours à ces additions contraires à leurs intérêts.

« Mais ce n'est pas pour cette seule cause que les vins de l'Algérie sont, pour la plupart, de qualité médiocre ; le choix des cépages qui les produisent paraît laisser à désirer, et sous ce rapport il reste à faire des études attentives. On a puisé à des sources nombreuses, surtout en Espagne, en Portugal, à Madère, en France, et du mélange de ces variétés, bonnes pour des climats très-différents, il doit nécessairement résulter des vins dans lesquels des qualités diverses, parfois disparates, se neutralisent ou peuvent même se détruire. Il est possible qu'on parvienne à obtenir en Afrique des vins analogues à ceux de nos bons crus de France; mais il faudra, pour cela, que les cépages de ces crus ne soient pas mêlés à ceux qui fournissent les vins moins fins et plus généreux des pays méridionaux. Il semble plus probable cependant qu'on réussira surtout à y récolter des vins analogues à ceux de la Sicile, de l'Espagne, des Canaries, etc.; mais s'il en est ainsi, le mélange des cépages propres à donner des vins fins ne pourra produire que des résultats désavantageux. Dans tous les cas, la question mérite d'être étudiée avec soin, car c'est surtout de sa solution que dépend l'avenir de la culture de la Vigne en Algérie.

« Le manque de soins suffisants dans la fabrication des vins exposés a certainement contribué, dans une certaine mesure, à l'infériorité de plusieurs d'entre eux; on ne saurait donc trop recommander d'y apporter désormais toute l'attention nécessaire.

« Après avoir fait la part de la critique, il est juste de faire celle de l'éloge; la commission est heureuse de constater que, d'après les quatre experts qui avaient été appelés à déguster les vins de l'Algérie à l'exposition universelle de 1855 et qui ont pu, dès lors, établir une comparaison avec ceux de 1858, l'amélioration réalisée dans ces produits depuis trois ans est déjà très-sensible. On peut donc espérer que, appréciant toute l'importance qu'il y a pour eux à donner tous leurs soins à la fabrication de leurs vins, nos colons feront encore de nouveaux efforts et parviendront à élever de plus en plus la qualité de ces importants produits. »

Moi-même, messieurs, j'ai fait et vu faire par mes voisins bien des fois du vin en Algérie; jamais je n'ai vu parfaitement réussir, malgré tous les soins, malgré l'emploi de cuves ou de futailles neuves, malgré la construction de cuves en maçonnerie ou de caves profondes. Je n'ai jamais encore vu le vin se bien conserver et passer le premier été sans aigrir, les vins rouges surtout, et cependant je puis dire, pour ma part surtout, que ces vins furent fabriqués avec le plus grand soin. Après avoir employé les procédés du Bordelais que je connaissais et leur avoir attribué le mauvais résultat obtenu, je fis faire des vins par des vignerons de Collioure ; le résultat fut le même, les vins ont aigri aux premières chaleurs.

Surpris de ce fait, et après en avoir vainement cherché l'explication dans les détails de la fabrication, j'ai été forcé de remonter plus haut, et renonçant à attribuer à des circonstances fortuites un fait qui se représentait partout en Algérie, et dans toute espèce de situation, avec plus ou moins d'intensité seulement, j'ai été amené à la conclusion suivante :

Qu'entre les 30° sud, limite extrême équatoriale de la culture de la Vigne et les 42° nord, mais en suivant les lignes isothermiques, la fabrication du vin est soumise à des règles différentes; qu'entre les 42° nord, et la ligne qui, partant en Europe de 48°, s'élève en Prusse jusqu'aux 52°, pour passer vers les 45° près d'Astrakhan, limite extrême septentrionale de la culture de la Vigne, ou, en d'autres termes, que, dans tous les pays où la température oscille entre + 15° et + 30° et où surtout le thermomètre ne tombe jamais au-dessous de zéro, les vins, pendant la période de fermentation tumultueuse, puis pendant celle de la fermentation lente, sont soumis à des lois différentes de celles qui servent de règle dans les latitudes plus septentrionales où les moûts sont moins sucrés et où le thermomètre s'abaisse au-dessous de zéro; que, pour arriver à les faire bons et à les conserver, il faut employer, pendant leur fabrication, puis pendant la période de conservation, des procédés différents de ceux en usage dans la zone septentrionale; enfin que cette règle est générale à tous les pays situés dans la zone sud de culture de la Vigne, peu importe la qualité des cépages dont les Vignes sont complantées, et que l'altitude des localités dans la zone sud peut seule y faire des exceptions.

En effet, si l'on examine quelle est la qualité qui domine

généralement dans les vins produits dans la zone sud, zone bornée au nord par la ligne isothermique passant par la frontière du Portugal, les Baléares, la Corse, Ancône, Varna et Téhéran, on trouve, comme types généraux, les vins rouges de Porto, Malaga, Alicante, Lacryma-Christi; les vins blancs qui y sont de beaucoup les plus nombreux, de Madère, Jerez, Marsalla; les vins de Grèce, de l'Archipel, de l'Asie Mineure, de la Perse; tous ces vins peuvent être classés dans la catégorie des vins de liqueur. L'Algérie située sous cette latitude doit donc produire des vins analogues, et les résultats déplorables que l'on a généralement eus dans la fabrication des vins légers dits de table, en Algérie, ne tiennent pas à d'autres causes.

J'ai commencé à étudier cette question en Algérie; puis, en 1857 et 1858, deux voyages en Espagne m'ont permis d'examiner, sur les lieux mêmes de production, les cultures et les procédés des vignerons espagnols; j'aurais bien voulu aller faire les mêmes études en Sicile, en Grèce et surtout à Chypre, placée exactement sous les 35° comme le Tel algérien, mais j'ai dû reculer devant les dépenses d'un pareil voyage, et je ne pourrai parler de ces localités que d'après les renseignements que j'ai pu obtenir.

Le mémoire que j'ai l'honneur de vous soumettre, messieurs, est le résultat de ces observations, et je serai suffisamment récompensé, si je n'ai pas en vain cherché, messieurs, à attirer votre attention sur cette question si importante pour l'Algérie: car, si on a pu dire *que labourage et pâturage étaient les mamelles de la France*, je crois qu'en Algérie *plantations de Vignes et d'arbres de produit, nombreux troupeaux et leur amélioration peuvent seuls assurer la fortune future des colons.*

J'ai déjà exposé mes idées au sujet de l'amélioration de la race ovine en Algérie par l'introduction de nombreux béliers mérinos achetés en Espagne; mon intention est de traiter, plus tard, la plantation d'arbres de produit tels qu'Oliviers, Figuiers, Mûriers et Amandiers, et exceptionnellement les

Orangers et Citronniers ; je me permettrai, aujourd'hui seulement, messieurs, de vous soumettre mes idées sur la Vigne, sa plantation, sa culture, et la fabrication, en Algérie, de vins légers pour la consommation et de vins de liqueur pour l'exportation; on peut, à mon avis, produire les uns comme les autres. Les vins légers, il est vrai, n'y seront jamais de bien bonne garde, ni propres à l'exportation, mais on peut produire toutes les qualités de vins de liqueur, le madère et le marsalla dans les terrains volcaniques, le jerez et le malaga dans les terrains légers calcaires marneux, le porto dans les terres rouges et fertiles. Ailleurs et avec les cépages et les procédés convenables, les muscats, les malvoisies, les vins de Grèce, etc., etc. La consommation de ces vins est immense, leur valeur énorme, et la production est néanmoins insuffisante; que l'Algérie se mette à produire des vins similaires et à bon marché, le débit en sera assuré. Il y a donc là un magnifique avenir, un peu éloigné, peut-être, il est vrai, mais positif et certain, qui aura surtout pour avantages de donner une haute valeur foncière au sol, de mettre de nombreux capitaux en circulation dans la colonie, et d'enlever les colons aux tristes chances si aléatoires des cultures de céréales toujours menacées par les sécheresses en Algérie.

La théorie et la pratique auront besoin de se prêter un mutuel appui dans ces études. M. Payen a bien voulu m'aider de ses lumières dans l'examen de cette question si complexe des fermentations alcooliques. C'est guidé par lui que j'ai déjà pu, sur la récolte de 1858, faire faire divers essais qui, si les résultats sont favorables, serviront à éclairer la voie qu'il faut suivre. Quant à la pratique, je l'ai examinée en Espagne, elle vient corroborer la théorie. Ce qu'il y a de mieux à faire pour le moment, c'est de suivre les procédés que la routine a appris aux vignerons espagnols et portugais, en la modifiant suivant les localités et peut-être suivant les cépages.

A l'époque romaine, l'Algérie devait avoir de nombreux vignobles. Sur un piton élevé qui domine le ravin du Tam-

Traya, près d'Arbal, dans la province d'Oran, j'ai trouvé, en chassant au milieu de Palmiers nains, un rocher taillé en cuvette pour y fouler la vendange ; peut-être avait-on, jadis, chanté en chœur autour de cette pierre :

Huc pater, o Lenæe ! veni, nudataque musto
Tinge novo mecum dereptis crura cothurnis.

L'Arabe avait passé, et avec lui la dévastation : les chacals seuls habitaient ces coteaux, qui produisirent jadis, peut-être, des vins rivaux du cæcube et du falerne.

Les vignobles des Romains, placés tous dans la zone sud de la culture de la Vigne, durent toujours donner des vins d'une conservation difficile, et cependant Horace parle des vins de Massique, de Lesbos, d'Albe, de Chio (1), de deux, de quatre, de neuf feuilles, et surtout dans ces deux vers :

Tu vina Torquato move
Consule pressa meo,

Il semble indiquer que les vins des Romains se gardaient fort longtemps, puisque cela donnerait au moins trente ans d'âge à ce vin fabriqué sous le consulat de Manlius Torquatus et de L. Aurélius Corta, en 690 de Rome ; mais rien n'indique que ces vins fussent analogues à ceux que nous buvons aujourd'hui. Au contraire, il est certain que les Romains ajoutaient des pommes de Pin ou de Cèdre, des baies de Myrte ou du miel à leurs vins, ou bien encore d'autres ingrédients. Les vins de l'Arcadie étaient desséchés dans des

---

(1) Odes, l. I, ode I. Est qui nec veteris pocula Massici.
VIII. Deprome quadrimum Sabina.
XV. Hic innocentis pocula Lesbii.
— II, V. Oblivioso levia Massico.
— IV, X. Est mihi *nonum* superantis annum
Plenus Albani cadus.

Epodon

Capaciores affer huc, puer, scyphos, et Chia vina, aut Lesbia,
Vel, quod fluentem nauseam coerceat, metire nobis Cæcubum.

outres au soleil, ou bien encore en faisant cuire et réduire le moût sur le feu, procédé encore en usage à Malaga. L'habitude de mettre des pommes de Pin s'est conservée en Grèce, celle de mettre des plantes aromatiques dans les tonneaux se retrouve en Italie; le vermout, infusion d'absinthe et de vin blanc, en est bien l'indice, et ce furent certainement des colons italiens qui avaient, à l'exposition de 1858, aromatisé les vins qu'ils avaient envoyés, ainsi que le constate et s'en plaint M. Payen dans son rapport.

L'introduction de la résine, des pommes ou des copeaux de Cèdre et de Pin, des plantes odoriférantes, a, sinon pour but, du moins pour résultat certain, d'avoir une action conservatrice sur les vins; ils agissent exactement comme le Houblon agit sur la bière, et la rend de bonne garde. Le hasard a dû faire découvrir cette propriété des résines, et la routine l'a conservée.

Mais les Romains ne durent jamais boire des vins analogues aux vins de Jerez, Madère ou Porto, car la conservation de ces vins tient uniquement à l'emploi de l'alcool, et l'alcool leur était complétement inconnu. C'est uniquement à l'adjonction de l'eau-de-vie que ces vins doivent leur bonne conservation et leur haut degré alcoolique. Il est fort probable que les vignerons de Sicile et de Grèce en ajoutent aussi à leurs vins.

C'est à des fermentations incomplètes qu'il faut attribuer ce vice général, à tous les vins de la zone chaude de la culture de la Vigne, à des moûts trop denses, trop surchargés de principes sucrés; la portion aqueuse des moûts n'est pas assez considérable pour faire que tout le sucre se convertisse en alcool; une portion reste mélangée en nature, réagit aux premières chaleurs sur la masse, et détermine cette fermentation acide si bien signalée par les experts, et qui les a forcés de rejeter, en 1858, quarante échantillons, sur soixante-quatre, des vins de la récolte de 1857 envoyés à l'Exposition.

Il est fort probable qu'un mois plus tard les vingt-quatre échantillons choisis, à l'exception, toutefois, des vins qui avaient été cuits ou qui avaient reçu de l'alcool, auraient eu le même sort. Il est à remarquer, cependant, que, pour les vins blancs, treize sur trente-deux seulement furent rejetés, quelques-uns même *sont déclarés bons*, tandis que pour les vins rouges on en cite un seulement *comme étant le moins mauvais*.

Ce fait bien singulier est néanmoins bien facile à expliquer, et vient tout à fait à l'appui de mon opinion. Les musulmans, ne buvant pas de vin, ne cultivaient que des Vignes pouvant produire des Raisins de table ou à sécher, des chasselas et des panses. Les montagnes des environs de Mascara, de Milianah et de Médéah en étaient surtout couvertes. C'est avec les produits de ces Vignes que les colons de ces localités commencèrent à faire des vins blancs ; les moûts résultants des vendanges de ces Raisins à pulpe aqueuse et charnue sont peu sucrés ; la fermentation plus complète, et l'altitude de ces contrées, qui est de 540° pour Mascara, de 607° pour Milianah et de 940° pour Médéah, au-dessus du niveau de la mer, en rendent la conservation plus facile. Les vins rouges, au contraire, sont tous les résultats de plantations faites par les colons, et la plus grande partie sur le littoral, à une hauteur moyenne de 200 mètres au-dessus du niveau de la mer. Les grains des Raisins sont petits, à peau épaisse, peu aqueux, et les moûts qu'ils donnent sont tellement surchargés de sucre, que les fermentations sont manquées ; ils restent doux tout l'hiver, et au printemps ils aigrissent, ils n'ont même pas le froid pour les aider à se dépouiller. Les vins blancs fabriqués avec les Raisins des Vignes plantées par les Arabes sont doués d'un haut degré alcoolique, mais ils sont plats et sans bouquet, et ne feront jamais que de bons vins de chaudière ; il faudrait, pour les améliorer un peu, faire les remplacements dans ces Vignes avec des espèces à bouquet plus parfumé, telles que le malvoisie ou le pedro-ximenez, et les fortifier encore au printemps par un peu d'eau-de-vie, selon la méthode de Madère ou de Jerez ; mais ces vins blancs auront toujours l'inconvénient de ne pouvoir entrer dans les usages habituels de la table; la consommation en sera toujours assez restreinte, leur peu de mérite n'en permettra pas l'exportation, et il faut que les colons qui continuent à faire des plantations avec ces cépages soient bien convaincus qu'avant longtemps ces vins, pour peu qu'ils deviennent abondants, n'auront pas d'autre emploi que de servir à faire des eaux-de-vie. Il est fort probable qu'elles seront excellentes, que l'opération sera même très-lucrative; mais, comme ce n'est pas là la question que je me suis proposé de traiter aujourd'hui, je ne compte pas en parler.

L'Algérie a, pour le moment, deux buts à poursuivre dans ses cultures viticoles : l'un, urgent, celui de produire en abondance et à bas prix tous les vins rouges ordinaires dont elle a besoin, afin que l'argent qu'elle exporte pour ces achats reste et fructifie ; l'autre, celui pour l'avenir, de se préparer à fabriquer des vins de liqueur similaires aux vins d'Espagne, de Sicile et de Grèce, pour l'exportation. Il est très-important de bien préciser, dès le début, ces deux voies différentes; car le colon qui se décide à planter de la Vigne devra savoir quel vin il doit chercher à produire, et faire ses plantations en conséquence ; plus tard, il ne le pourrait plus; cépages, distances, installation des vaisseaux vinaires, tout est différent, selon le produit que l'on désire obtenir.

Les viticulteurs algériens ont donc à choisir dans les plantations de Vignes qu'ils comptent faire entre la production :

1° Des vins rouges de table pour la consommation locale;

2° Des vins de liqueur destinés à l'exportation;

3° De Raisins secs;

4° Des eaux-de-vie.

Je compte ne m'occuper, dans ce mémoire, que des deux premières catégories.

I. La production des vins rouges de table est celle qui, pour le moment, mérite le plus l'attention des colons ; il ne faut pas cependant se dissimuler que ce débouché n'est pas illimité; on peut même en calculer l'importance. La consommation des vins en Algérie, qui, en 1846, s'était élevée à 423,904 hectolitres, a diminué depuis cette époque; elle était tombée dix ans après, en 1855, à 202,201 hectol.; la diminution de l'armée, l'invasion de l'oïdium et la production algérienne sont les causes de cette diminution. On peut donc considérer le chiffre de 200,000 hectol. comme étant actuellement le chiffre maximum des importations futures, et devant diminuer peu à peu devant la production indigène. L'Algérie possède actuellement 4,000 hectares de Vignes, dont le produit, à raison de 50 hectol. à l'hectare, fournira un jour environ 120,000 hectol.; il lui suffit donc de planter 6,000 hect. pour arriver à produire les 180,000 hectol. de vin qui lui manquent, en conservant une marge de 20,000 hectol. pour les vins de qualité supérieure, que les classes aisées continueront toujours à tirer de France, et les Raisins frais et secs. C'est donc, en définitive, 6,000 hectares, 8,000 au plus, en faisant la part de l'augmentation de population et de consommation. Avant cinq ans, ce chiffre sera atteint, car aujourd'hui tout le monde plante de la Vigne en Algérie, et le grand obstacle à son extension, le manque de sarments, diminue tous les jours. Avant dix ans, on peut l'affirmer, l'Algérie produira tous les vins dont elle aura besoin, et l'encombrement sera déjà à redouter. L'importation des alcools, qui, en 1855, a été encore de 14,475 hectol., devra également diminuer peu à peu et se réduire à environ 5,000 hectol. L'esprit de sorgho et les eaux-de-vie de marc combleront, en Algérie, la différence. Le haut prix des vins a amené l'usage, parmi la classe ouvrière, de boissons économiques; il faut le dire aussi, à la louange des colons, les habitudes d'ordre, de sobriété et d'économie gagnent chaque jour parmi eux, et je ne pense pas que l'intempérance excitée par les boissons à bon marché puisse beaucoup faire varier ces chiffres.

Importations des vins et eaux-de-vie en Algérie.

ANNÉES.	QUANTITÉS EN HECTOLITRES PROVENANT		VALEUR.	EAUX-DE-VIE ET LIQUEURS.	
	de France.	de l'étranger.		Hectolitres.	Valeur.
1831	»	»	»	»	»
1832	»	»	»	»	»
1833	»	»	»	»	»
1834	»	»	»	»	»
1835	»	»	»	»	»
1836	»	»	2,558,775	»	493,166
1837	125,422	2,748	3,477,088	»	726,301
1838	189,478	2,679	4,934,837	8,199	885,403
1839	169,490	5,969	4,032,733	7,987	938,039
1840	219,658	1,032	5,589,913	11,459	1,355,377
1841	250,274	1,616	6,060,802	12,692	1,238,971
1842	273,686	1,006	6,533,934	18,184	2,138,561
1843	348,554	1,232	7,878,499	15,152	1,563,767
1844	306,381	513	6,402,494	18,459	2,100,579
1845	342,727	800	7,423.125	20,326	2,074,237
1846	419,227	4,677	9,251,936	18.026	1,917,973
1847	373,417	1,852	7,858,593	18,554	2,014,056
1848	380,357	553	7,847,600	16,430	1,685,133
1849	403,872	538	8,293,495	14,882	1,770,300
1850	396,619	461	8,259,785	16,913	1,825,953
1851	387,363	47	7,998,003	19,604	2,036,166
1852	383,146	52	7,019,687	13,773	1,436,051
1853	318,186	76	6,696,420	13,673	1,429,516
1854	170,483	12,247	3,833,133	12,916	1,421,866
1855	132,899	69,302	4,862,634	14,475	1,758,853
1856	»	»	»	»	»
1857	»	»	3,175,038	»	»
1858	»	»	»	»	»

Je suis loin d'être convaincu que l'absorption de boisson alcoolique dans les pays chauds soit d'absolue nécessité; les Espagnols en boivent fort peu, les Arabes et les Kabyles pas du tout, et cependant ils se livrent, les uns et les autres, à de rudes travaux : il est peut-être même plus facile de se priver des alcools dans les pays chauds que dans les pays froids;

mais, pour la plus grande partie de la population franco-algérienne, l'usage du vin est indispensable, et les colons qui pourront arriver à produire des vins ordinaires potables, et à les conserver, en auront, pendant bien des années encore, un débouché assuré sur place.

La création de nombreux vignobles aura également les plus heureux résultats sur le sort des colons algériens, en leur permettant de se procurer, à 20 ou 25 cent. au plus, du vin de bonne qualité qu'ils n'ont pas, pour le moment même, pour le double de ce prix ; ce sera un premier pas de fait vers la main-d'œuvre à bon marché. Puis, cette somme de 6,621,487 fr., exportée encore en 1855 pour achats de vins et d'alcools, avant d'être entrée dans la circulation générale sous forme de valeur locative du sol, salaires des ouvriers, bénéfices des intermédiaires, s'échappe de suite de la colonie sans y avoir fructifié.

Déjà la création des minoteries a considérablement amélioré le sort des cultivateurs et des ouvriers. Le Blé a augmenté de valeur et le pain diminué de prix; les avantages, pour la colonie, de vastes plantations de Vignes seront complétement analogues. L'aisance deviendra plus grande parmi les populations agricoles; tous les colons qui auront pu joindre des Vignes à leurs cultures ne se verront plus ruinés par une seule année de sécheresse, comme cela n'a que trop souvent lieu actuellement avec une culture uniquement basée sur les céréales.

Puis aussi, y a-t-il quelque chose de plus attachant pour l'homme, et qui le fixe plus au sol que la Vigne et les plantations, et qui soit, en même temps, une plus grande source de richesses pour le cultivateur? Mohammed avait bien reconnu cette vérité lorsque, au point de vue religieux, il prohibait l'usage du vin et de la viande de porc à ses adhérents; il voulait, avant tout, un peuple conquérant; il le voulait facile à faire mouvoir et essentiellement nomade, vivant sous la tente et pouvant s'en élancer rapidement à sa voix, au milieu des déserts ou à la poursuite des infidèles. La Vigne, avec les soins qu'elle exige pendant les premières années de sa plantation, les travaux successifs qu'il faut faire dans l'année, la difficulté de conservation et de transport de ses produits, ne pouvait pas, plus que les soins que demandent les jeunes porcs, la démarche lente, le caractère indocile, le besoin d'eau du porc adulte, convenir à Mohammed, dont la pensée était d'envahir l'univers et de le soumettre au Koran; il proscrivit donc l'usage du vin et du porc, en cachant sa pensée politique sous un voile religieux.

Le vin et la viande de porc sont rangés, par les musulmans, dans la catégorie de ce qui est défendu *el-harâm*.

Voici les principaux passages du Koran sur lesquels ces défenses sont fondées :

CHAPITRE II.

LA VACHE.

« 216. S'ils t'interrogent sur le vin et sur le jeu, dis-leur : Dans l'un et dans l'autre cas il y a du mal et des avantages pour les hommes; mais le mal l'emporte sur les avantages qu'ils procurent. Ils t'interrogeront aussi sur ce qu'ils doivent dépenser en largesses.

CHAPITRE V.

LA TABLE.

« 92. O croyants! le vin, les jeux de hasard, les idoles et le sort par les flèches sont une abomination inventée par Satan; abstenez-vous-en et vous serez heureux.

« 93. Satan désire exciter la haine et l'inimitié entre vous par le vin et le jeu, et vous éloigner de Dieu et de la prière. Ne vous en abstiendrez-vous donc pas? Obéissez à

Dieu et à son prophète, et tenez-vous sur vos gardes; car, si vous vous détournez, sachez que l'apôtre n'est obligé qu'à la prédication.

CHAPITRE VI.

LE BÉTAIL.

« 146. Dis-leur : Je ne trouve, dans ce qui a été révélé, d'autre défense, pour celui qui veut se nourrir, que les animaux morts, le sang qui a coulé et la chair du porc; car c'est une abomination. Il y a défense de manger, par pure prévarication, ce qui a été tué sous l'invocation d'un autre nom que celui de Dieu, sauf si l'on y est forcé, et qu'on ne le mange pas par désobéissance et intention de pécher; et certes Dieu est indulgent et miséricordieux. »

Les Arabes de l'Andalousie semblent, au reste, n'avoir pas trop, pendant leur séjour en Espagne, observé avec beaucoup de rigueur ce précepte de Mohammed relatif au vin; les chansons à boire faites par eux sont nombreuses et se chantent encore maintenant en Afrique. Puis, par certains actes, on a la preuve que la Vigne et ses produits avaient beaucoup d'attraits pour eux. Entre autres, on lit dans un bail fait, en 1370, par dona Buenaventura de Arborea, veuve de muy noble don Pedro, senor de Xerica, à 41 Maures, qui ont signé pardevant Salvador Derpone, notario publico por autoridad real, parmi diverses portions de terrains :

« La Vinga appellada la Vinga del Campiello. »

Et, plus loin, les Maures s'engagent à donner à la senora bestiaux, femmes et enfants pour faire les vendanges.

En 1251, don Jaime Ier el Conquistador, roi d'Aragon, dans les priviléges qu'il accordait à los Sarracenos pobladores del arrabal de Jtiva :

« Et volumus quod nullus Sarracenus teneatur dare colo-
« niam pro vino quod habuerit vel emerit in domo sua. »

Il est bien difficile de croire que des Sarrasins vignerons et vendangeurs, ayant du vin chez eux, ou en ayant acheté, n'en aient pas bu un peu, et que les inventeurs de l'alambic et de l'alcool n'aient pas eu un peu l'usage des boissons fermentées.

Je ne saurais trop engager les colons algériens à s'occuper plus sérieusement de la Vigne et des plantations; ces cultures entreront certainement un jour, pour une large part, dans l'agriculture algérienne et méritent toute l'attention de l'administration supérieure. Il ne faut pas se le dissimuler, ce ne sera pas immédiatement que l'on aura des résultats, il y aura encore bien des écoles à faire, avant d'avoir amené à l'état de routine la fabrication de bons vins en Algérie, et c'est justement à cause de cela, parce que le succès viendra certainement récompenser les efforts, qu'il ne faut pas tarder plus longtemps à étudier cette question, il y a péril en la demeure.

Je ne demande pour cette culture ni primes ni achats faits par l'État; elle a débuté sans secours, elle a progressé sans encouragements, on pourrait même dire presque malgré l'administration; elle n'a besoin, pour se développer, que du concours tout moral de l'État, pour faire étudier et propager les bonnes méthodes et les bons cépages; je crois cette culture appelée à devenir une des plus puissantes bases de la prospérité future de l'agriculture de l'Algérie, il est difficile de demander moins pour elle. Jusqu'à présent, aucun encouragement n'a été donné à cette culture; cette année même, à l'exposition générale agricole de l'Algérie qui a eu lieu à Oran, non-seulement pas une seule récompense n'était accordée aux vins et alcools du pays, mais même, et c'est important à signaler, les produits d'une culture qui se fait sur 4,000 hectares, dont les produits doivent représenter au moins 1,500,000 francs, tant en vins qu'en Raisins secs et frais, n'avaient pas même les honneurs d'une exhibition, et, chose plus singulière encore, il ne venait même pas à la pensée du jury d'exprimer un regret à ce sujet. L'administration est encore sous l'impression des réclamations anciennes des conseils généraux de certains départements du midi, tendant à en obtenir sinon l'interdiction totale de la culture de la Vigne en Algérie, du moins de chercher à en *arrêter les développements fâcheux par tous les moyens*. Cela n'empêchait pas, il est vrai, de les voir réclamer en même temps, au nom de l'intérêt général de la France, la liberté commerciale la plus illimitée. L'énorme consommation causée, de 1843 à 1849, par l'armée d'occupation faisait croire aux départements du midi qu'ils trouveraient toujours en Algérie un magnifique débouché pour leurs produits; seuls appelés à les y écouler, ils auraient voulu s'en réserver le monopole exclusif.

L'invasion de l'Oïdium vint bientôt, malheureusement pour la France, démentir les mauvais résultats de pareils principes économiques, principes qui, néanmoins, avaient réagi sur l'administration supérieure et qui avaient fait que, si elle n'avait pas prohibé la culture de la Vigne en Algérie, elle l'avait du moins traitée avec la plus complète indifférence. On a dû vivement regretter que l'Algérie, qui en 1851 recevait encore toutes ses farines de France et, qui trois ans après, pouvait, dans une année de disette, expédier 60,000,000 de francs de céréales, ne pût pas, pendant ces années de pénurie de vins, au moins se suffire à elle-même.

La France n'a également, du moins je le crois, rien à craindre de la concurrence sur le marché français de la production en vins de l'Algérie, plusieurs raisons s'y opposent. Les vins de table, qui seuls pourraient faire concurrence aux vignerons du midi de la France, seront toujours, en Algérie, d'une fabrication et d'une conservation difficiles; la fertilité du sol, la jeunesse des plantations feront que les qualités en seront très-ordinaires; il est probable qu'ils supporteront difficilement la mer, et dans tous les cas ils arriveraient sur le marché français chargés des frais de nolis et autres frais qui seront toujours d'au moins 4 francs par hectolitre. Le haut prix de la main-d'œuvre, en Algérie, fera toujours que l'on ne pourra jamais y produire des vins rouges à 10 et 12 francs l'hectolitre, comme on a vu souvent le midi les obtenir, et des vins blancs à 6 et 10 francs les 218 litres, comme on les a vus, cette année, dans la Gironde. La France, sur cette question, pas plus que sur celle des laines ou des céréales, n'a rien à craindre de la production algérienne. Comme débouché ouvert à ses produits, l'importance n'est pas très-grande non plus. La part de la France dans la consommation de l'Algérie a été, en 1835, de 132,899 hectolit. En calculant 12,899 hectolitres pour les vins fins que la France seule pourra toujours fournir, il reste donc 120,000 hectolitres à répartir sur l'ensemble de la France, soit sur 2,134,822 hectares de Vignes; mais comme ces 120,000 hectolitres, presque tous en vins communs, sont à peu près exclusivement fournis par les départements du midi, ils sont à répartir seulement ainsi :

Moyenne en hectol. récoltée à l'hectare.		
30	Pyrénées-Orientales. . . .	39,525 hectares.
40	Aude.	51,079
32	Hérault.	124,800
38	Gard.	69,529
32	Tarn.	30,594
32	Tarn-et-Garonne.	40,000
36	Vaucluse.	37,000
33	Bouches-du-Rhône. . . .	37,867
30	Var.	50,726
		481,120

A raison de 36 hectolitres à l'hectare seulement, il faudra donc 3,428 hectares pour produire la consommation de l'Algérie, et même bien certainement beaucoup moins, car les Vignes du midi donnent, en vins communs, bien plus que cette moyenne de 35 hectolitres à l'hectare. Dans la Côte-d'Or, des Vignes plantées en gamets donnent souvent de 30 à 60 hectolitres à l'hectare; j'ai vu, dans la

Gironde, faire, dans des Vignes de palus, 40 barriques, soit 91 hectolitres 20 litres à l'hectare. En résumé, ce débouché spécial est insignifiant en face de l'intérêt général que la France a de voir l'Algérie arriver vite à sa période de prospérité, et surtout en face de cette immense production française, qui s'est élevée en 1858, à raison d'une moyenne, à l'hectare, de 33 hectolitres à 70,000,000 hectolitres.

Les colons algériens ont donc le plus grand intérêt à continuer leur plantation de Vignes destinées à produire des vins rouges ordinaires; ce n'est encore que comme pensée d'avenir et pour les colons aisés qu'il y a lieu de songer aux plantations de vignobles, dont les produits puissent un jour supporter la comparaison avec ceux du midi de l'Espagne.

Il est grandement à désirer de voir, près de chaque centre de population, des plantations de Vignes destinées à produire les vins nécessaires à la consommation de la localité, et comme, avant tout, il faudra produire à bon marché, les viticulteurs algériens devront encore longtemps s'attacher à planter des espèces qui, comme le verdal et le gamet, donnent avec abondance; ils devront également ne planter de Vignes que là où ils pourront les cultiver à la charrue, et longtemps encore la main-d'œuvre sera trop chère, les produits de trop peu de valeur, pour admettre la culture entièrement à la main.

En Bourgogne, on plante de 25 à 30,000 pieds à l'hectare; le prix s'élève, pour les plantations en *fosses*, à 1,038 fr. 50 c.; pour les plantations *par défoncement*, à 1,280 fr. 35 c.; sans compter la valeur et la préparation des chapons ou sarments et des échalas. Des dépenses pareilles ne peuvent être faites que dans les vignobles de grands crus. En Algérie ce serait une folie que de débuter par de pareilles dépenses. Quoique je n'aie pas l'intention de faire un traité pratique de la culture de la Vigne en Algérie, je ne puis me dispenser d'indiquer le mode de plantation auquel je me suis attaché, comme étant non pas le meilleur, mais suffisamment bon et de beaucoup le plus économique.

Pendant l'été qui précédera la plantation, on donnera à la terre divers labours pour détruire les mauvaises herbes, surtout le Chiendent. Aux premières pluies, il faut ouvrir à la charrue, à 1^m,50 les unes des autres, des raies, puis les approfondir peu à peu, à mesure que les pluies mouilleront le sol jusqu'à 0^m,30. On devra planter à la barre à 50 cent. de profondeur, au fond des raies, les sarments ou chapons; si ce sont des chevelées, on devra ouvrir à la pioche au fond des raies, tous les mètres, une fosse étroite de 1 mètre de longueur, et y planter à chaque extrémité un pied enraciné, mettre du fumier si on en a, refermer les raies à la charrue et dégager un peu chaque pied de Vigne; on aura ainsi environ 6,000 pieds à l'hectare, et en dehors du travail de la charrue et la valeur des sarments la dépense ne dépassera pas 0 fr. 02 c. par pied, soit 120 fr. l'hectare. Dans les terrains non arrosables surtout, il faudra donner la préférence à la plantation à la barre. Si on peut arroser, il faudra préférer le plant enraciné; de larges allées devront être réservées aux extrémités pour pouvoir faire tourner les attelages, et des plantations d'Oliviers, de Figuiers ou d'Amandiers, dans la proportion, au plus, de 30 à 40 à l'hectare, pourraient être faites sans inconvénients.

Dans des terres rocailleuses et en pente, où on pourrait avoir l'espoir de faire, plus tard, des vins légers et savoureux, on pourrait, ou bien tirer directement les sarments d'Alicante en en adoptant les espèces et les proportions, ou adopter les cépages suivants :

3/6 pineau, 2/6 gamet, 1/6 malvoisie blanc, avec un certain nombre de pieds de teinturier français ou de tinto espagnol. Je dirai plus loin pourquoi il est nécessaire d'avoir un peu d'une de ces deux espèces. Pour les vins blancs, le viticulteur qui chercherait l'abondance devrait planter le piquepoule blanc, ou le gris et la muscadelle. Pour ceux qui chercheront la qualité, ils devront planter le sémilion, le sauvignon, la blanquette, le malvoisie.

Ce qui me fait donner, pour le vin rouge, la préférence

aux cépages de Bourgogne sur ceux du Bordelais, c'est que j'en ai vu les résultats à Val de Penas, dans la Nouvelle-Castille, et dans des terrains silicéo-calcaires, rouges et caillouteux, comme on en trouve tant en Algérie. J'ai bu là des vins de table fort agréables. Sans avoir la saveur des vins de Bourgogne, ils en avaient encore le bouquet, et ces Vignes sont, en effet, presque exclusivement plantées de pineau tiré jadis de Bourgogne. La culture s'y fait à la charrue et se termine à la pioche. Entre les pieds, l'espacement des lignes est d'environ 1m,60, celui des pieds sur les lignes de 0m,90 entre eux; les lignes sont excessivement longues; on voit peu d'arbres dans ces Vignes. La culture y est fort peu coûteuse. Au moment de mon passage, le vin valait à Val de Penas environ 24 fr. l'hectolitre. Le rendement varie de 30 à 40 hectolitres à l'hectare. Le sol, pierreux et rougeâtre, ressemble beaucoup au plateau qui, dans la province d'Oran, sépare Sidi-bel-Abbes de l'Oued-Sarno, au pied du Tessala; mais son altitude est beaucoup plus grande : à la fin de mai, la Vigne commençait à peine à s'y épanouir et était loin d'être en fleur. Les vins, quoique de bonne qualité, ne sont pas de bonne garde; il faut, pour ainsi dire, les boire dans l'année. Cependant ceux qui ont été transportés dans des outres doivent au goût désagréable, mais conservateur, du goudron de se mieux garder. La fabrication s'y fait dans des cuves de maçonnerie; mais, pour les conserver, ils se servent, du reste comme dans bien des contrées de l'Espagne, d'immenses jarres de terre cuite logées dans les murailles de leurs caves souterraines, et par-dessus le vin on y verra une couche d'huile. Ce procédé est rationnel; il maintient le vin dans une température aussi froide et aussi égale que possible, et on empêche ainsi cette seconde fermentation, qui a lieu au printemps et fait gâter les vins en Algérie. J'avais, en arrivant à Val de Penas, espéré pouvoir y découvrir ce mystère de la fabrication des vins rouges de sable en Algérie; mais j'ai été forcé de reconnaître que les cépages et l'altitude étaient les seules causes de la bonté de ces vins. L'usage même de ces jarres, quelque bon qu'il soit, n'est pas facile à introduire pour les colons ; aussi je ne fais que le signaler.

La fabrication des vins rouges ordinaires en Algérie est donc soumise à des lois bien différentes de celles qui règlent cette fabrication à Bordeaux sous les 44°, ou en Bourgogne par les 47°, deux contrées éminemment favorables à la culture de la Vigne et à la production de bons vins. L'examen, en effet, des tableaux ci-joints le prouve assez du reste.

Comparaison des observations météorologiques entre l'Algérie, la Bourgogne et le Bordelais, pendant la végétation de la Vigne.

MOIS.	TEMPÉRATURE EN ALGÉRIE			SOMME DE degr. de chaleur que reçoit la Vigne en Algérie pendant sa végétation.	Idem en Bourgogne en 1834.
	maxima.	minima.	moyenne.		
Janvier. .	12,95	6,22	9,58	» »	» »
Février. .	14,68	6,26	10,47	» »	» »
Mars. . . .	17,11	9,00	13,06	404,86	» »
Avril. . . .	20,36	10,96	15,16	454,80	240,60
Mai. . . .	23,20	14,10	18,60	576,60	527,93
Juin. . . .	25,79	17,51	22,80	684, »	541,80
Juillet. . .	29,04	20,63	24,86	770,66	683,24
Août. . . .	28,52	21,19	24,85	770,35	621,86
Septembre.	25,77	18,42	24,14	724,20	510 »
Octobre. .	23,32	15,65	19,48	» »	281,07
Novembre.	17,07	9,96	13,52	» »	» »
Décembre.	13,75	7,20	20,47	» »	» »
				4385,47	3406,50

Observation. La moyenne de la température de l'Algérie est prise sur l'ensemble des observations météorologiques, et diffère de près de 5° en moins avec les observations faites dans la zone actuelle de colonisation ; la différence entre la température à l'ombre et au soleil est plus grande en Algérie qu'en Europe, et dépasse constamment la moitié en sus. L'année 1834 a été prise comme maximum de la Bourgogne et dans les vignobles les mieux exposés. L'écart entre l'Algérie et la Bourgogne est donc plus considérable réellement que ne l'indique le présent tableau ; en outre, pendant toute la période de la végétation et de la Vigne en Algérie, elle reçoit, tous les jours, l'action d'un brillant soleil : en France il faudrait déduire du total les jours de pluie et de temps couvert.

Comparaison par année.

	NOMBRE DE DEGRÉS DE CHALEUR (maxima), du 20 mars au jour de la vendange		NOMBRE DE degrés de chaleur de la floraison à la vendange.	OBSERVATIONS MÉTÉOROLOGIQUES D'ORAN			
	Bourgogne.	Bordeaux.	Bourgogne.	septembre 1858.	maxima.	minima.	moyenne.
1838	3,547	»	2,210	1	27,50	19,50	24°,4995 pendant l'époque de la vendange et la cuvaison en Algérie.
1839	3,734	»	2,099	2	27 »	22,50	
1840	3,727	»	2,198	3	27 »	20 »	
1841	3,442	»	2,026	4	27,60	21,50	
1842	4,035	»	2,357	5	27 »	23,50	
1843	4,265	»	2,195	6	28 »	22,50	
1844	3,902	»	2,334	7	27,50	22,50	
1845	4,151	»	» »	8	27,50	21,50	
1846	4,372	»	» »	9	27,75	20,50	
1847	4,364	»	» »	10	27,30	20,50	
1848	4,472	»	» »	11 au 20	30 »	18,50	
1849	4,075	»	» »	21—30	33,75	18,40	
Moyen.	4,130	»	2,188				

Les résultats d'une culture qui reçoit, pendant la période d'une végétation, 6,000 degrés, tandis qu'en France elle en reçoit à peine la moitié; la température au moment de la vendange dont la moyenne est de 25° environ, tandis qu'à cette époque, en France, elle est de + 12 ou 13; les hivers où le thermomètre s'abaisse rarement au-dessous de + 5°; ces résultats, dis-je, ne peuvent être identiques, et l'expérience l'a bien prouvé.

Cette température élevée, tout en développant dans le grain plus de sucre, diminue les quantités de ferment et de tanin naturel qui doivent faciliter la conversion des moûts en vin, et en même temps rend les fermentations dans les cuves trop tumultueuses, trop rapides, et par conséquent incomplètes.

C'est à combattre ces diverses causes d'insuccès que doit

s'attacher le viticulteur algérien, et dans une étude si complexe, presque sans jalons posés par la routine, la théorie seule peut guider; et, si j'ose vous exposer ce qu'il y aurait peut-être à faire, c'est que M. Payen a bien voulu m'honorer de quelques conseils, élucider un peu pour moi cette question encore si obscure des fermentations alcooliques, et surtout des obstacles que, quelquefois, elles rencontrent pour être parfaites.

Par le choix des cépages, le cultivateur algérien devra déjà chercher à obtenir des moûts plus aqueux, en plantant des variétés à jus peu sucré et proscrivant, par exemple, celles qui, comme le grenache, sont, au contraire, recherchées en France pour leur jus sucré. Une proportion de piquepoule blanc donnera un jus plus abondant et plus aqueux; des pieds de teinturier donneront la couleur et peut-être le tanin nécessaires. Des vignobles plantés de ces cépages ne donneront sans doute pas de vins fins et délicats, mais ils en donneront en abondance, et c'est à quoi il faudra s'attacher encore pendant dix ans, au moins, en Algérie.

Au moment de la vendange, trois procédés de fabrication peuvent être employés pour chercher à fabriquer, en Algérie, des vins rouges ordinaires de bonne garde.

1° *Ne pas attendre que la maturité soit complète pour les Raisins noirs, et faire les vendanges de bonne heure, afin que, le Raisin n'ayant pas atteint toute sa maturité, le principe mucoso-sucré n'y soit pas complétement élaboré, et que la proportion du tanin et des autres végétaux y soit à peu près la même qu'en France*. Ce procédé semble le plus rationnel et le plus praticable. Sauf la température plus élevée, on se retrouverait dans des conditions de fabrication qui, se rapprochant de celles de France, devraient probablement amener à peu près les mêmes résultats. L'usage seul peut en décider; néanmoins tout semble venir à l'appui de cette opinion. Dans les environs de Paris même, il paraît que la trop grande maturité n'amène pas, il est vrai, excès de sucre dans les moûts, mais une diminution de ferment et d'acides, et se trouve être un défaut. M. Payen me faisait, à ce sujet, l'honneur de m'écrire à la date du 19 septembre dernier (1) :

M. J. Lavalle dit également, par rapport aux Vignes de Bourgogne :

« Des recherches multipliées ont fait connaître que le « Raisin trop mûr renferme un principe de fermentation « putride qui paraît être cause de la plupart des maladies « que subit le vin. Pour peu que le principe se développe « dans une partie du moût, il se multiplie de lui-même avec « une telle intensité, qu'il peut envahir des masses considérables de matières non altérées. Le moût du Raisin, « qui n'est point encore arrivé à cette maturité exagérée, « contient, au contraire, un excès de sels acides qui contribuent, pour une large part, à la conservation du vin. « Enfin plus le Raisin est mûr, surtout les années où l'automne a été chaud et sec, plus il renferme de matières « sucrées, et, conséquemment, plus il y aura d'alcool dans

---

(1) « Monsieur,

« Le 21 août dernier, j'ai eu l'honneur de vous adresser quelques détails sur ce qui est relatif aux soins à prendre dans la vinification pour améliorer la qualité du vin et prévenir les effets de la fermentation acide.

« Aux observations contenues dans ma lettre, j'ajouterai qu'une des causes de l'altération des vins de l'Algérie que vous me signalez pourrait être la récolte du Raisin trop mûr ; c'est du moins une cause reconnue pour les vins des environs de Paris, notamment de ceux d'Argenteuil. Dans cette localité, on récolte, par ce motif, de six à dix jours avant la Bourgogne, attendu qu'on a constaté que la trop grande maturité et, par suite, le défaut d'acidité s'opposaient à la conservation du vin.

« Il serait, en tout cas, très-intéressant d'expérimenter en Algérie, à ce point de vue, sur une même Vigne dont une partie du fruit serait récoltée avant la parfaite maturité et le reste à un degré de maturité avancée.

« Ce sera une expérience à ajouter à celles que vous vous proposez de faire et dont nous apprendrons le résultat avec un véritable intérêt.

« Agréez, je vous prie, monsieur, l'assurance de ma considération distinguée.

« *Le secrétaire perpétuel*,

« Payen. »

« le vin. Le résultat, que bien des personnes peuvent « croire très-désirable, est loin d'être une qualité pour nos « vins de Bourgogne. On sait, en effet, que, lorsque l'alcool « dépasse certaine proportion, tout bouquet disparaît. C'est « la raison pour laquelle cet arome si recherché n'existe « dans aucun des vins du midi, et c'est ce qui fait que les « vins dans lesquels on a introduit du sucre perdent cette « précieuse qualité et, tout en devenant assez agréables à « boire, descendent, par suite de cette absence de bouquet, « au rang des vins de deuxième et de troisième ordre.

« En résumé, pour que le vin de Bourgogne puisse être « parfait, c'est-à-dire riche à la fois de couleurs, de feu, de « bouquet, il faut que l'alcool n'y soit que dans une propor- « tion donnée, et que l'acide tartrique y existe en grande « quantité. Or, pour qu'il en soit ainsi, il faut non-seule- « ment ne pas y introduire du sucre, mais il faut, comme « on voit, *se garder de laisser les principes sucrés se pro-* « *duire en quantité trop grande par une maturité exagérée.*

« A plusieurs siècles de distance, la théorie et la pratique « se sont rencontrées sous ce rapport, et ce que je dis « aujourd'hui, nos ancêtres ne l'avaient-ils pas consacré « depuis longtemps dans le vieux proverbe : — Vin vert, « riche Bourgogne? »

Des expériences sur cette matière, seules, pourront décider de l'époque la meilleure pour vendanger en Algérie ; mais, comme malheureusement ces expériences ne peuvent se renouveler que tous les ans, je ne saurais trop engager le viticulteur algérien des trois provinces à en faire dès l'année prochaine, et à faire leur vendange en trois fois, à trois époques, de huit à dix jours d'intervalle par exemple, et à tenir note exacte des dates, du degré du thermomètre et de la densité des moûts à l'aréomètre. Je me ferais un plaisir de centraliser ces observations pour les publier, et de recevoir, plus tard, des détails sur la manière dont les vins se seraient comportés, pour en tirer les conclusions et les faire connaître.

2° *Ramener, par des additions d'eau et de ferment, les moûts des Vignes d'Algérie à une proportion normale qui puisse donner lieu à des fermentations alcooliques complètes.*

Le procédé reposerait entièrement sur la théorie des fermentations alcooliques; quelques essais faits en petit semblent indiquer que l'on en aura de bons résultats. M. A. Lenoir le recommande dans son excellent traité pour les vins du midi de la France, à plus forte raison doit-il être employé en Algérie également; on s'en sert dans les distilleries où jamais on ne met en fermentation de jus marquant un degré trop élevé.

La densité moyenne des moûts provenant des récoltes de France varie entre 1030 et 1080; c'est, ainsi qu'on peut le voir par le tableau ci-joint, la moyenne dans la zone isothermique nord. En Bourgogne, où ils pèsent ordinairement de 1075 à 1083, on aurait eu, cette année, 1099.

En Algérie, les moûts ont, comme ceux du midi de l'Espagne, une densité de 1166 à 1152 et souvent plus; c'est une énorme différence avec les moûts destinés à produire des vins de table. Ainsi un hectolitre moût de France contiendra environ 20 kilog. d'extrait sec; en Algérie, il contiendra 43 kilog., et ces 43 kilog. de différence seront, pour ainsi dire, uniquement du sucre. Des moûts dont la composition est si différente ne peuvent donner des résultats identiques, et cet excès de sucre est un véritable défaut.

Ramener les moûts à une proportion normale d'eau et de sucre, surtout si la vendange a été faite après complète maturité, est une opération indispensable en Algérie pour fabriquer des vins de table. Le tâtonnement seul pourra indiquer dans quelle proportion cette addition devra être faite. Je crois qu'il ne faudrait pas descendre plus bas que 10° Baumé (1075) à 12° (1091) au plus, environ 1100. Quelquefois cela pourra aller, pour la quantité d'eau à ajouter, jusqu'à moitié du volume du moût. M. Payen est tout à fait de cet avis. Interrogé par moi sur cette question, il me fit l'honneur de me répondre le 21 août dernier (1) :

Rien, dans la pratique, de plus simple que ce procédé ; un simple aréomètre du prix de 1 fr. 50 c. avec l'usage de la table de concordance ci-jointe peut suffire. Il ne faudrait pas cependant ajouter trop d'eau dans les moûts. Avec une température qui, pendant la période du cuvage, varie de + 18 à + 33, si on abaissait le degré de densité des moûts à 1050 environ, on aurait peut-être à craindre que la fermentation acide ne se déclarât.

Une analyse des moûts d'Afrique démontrera très-probablement qu'ils manquent également d'une quantité suffisante de ferment.

---

(1) « Monsieur,

« La pensée émise dans votre lettre de rendre la fermentation des moûts plus complète à l'aide d'une addition d'eau me paraît juste.

« Quant aux proportions, il est bien difficile de les assigner d'avance ; elles devraient varier suivant la densité des vins, comprise entre 1050 et 1150.

« Il pourrait être avantageux d'ajouter aux plus denses moitié de leur volume d'eau, tandis que les plus légers n'en devraient pas recevoir.

« En tout cas, on devrait se proposer d'assortir les produits des cépages et d'éliminer les Raisins verts ou encore parvenus à leur maturité.

« Il conviendrait, sans doute, de prendre les précautions utiles en vue de prolonger le cuvage (sur les rafles, pellicules et pepins), qui laisserait dissoudre assez de tanin pour précipiter l'excès de matière azotée, sans exposer le liquide aux chances de fermentation acide et de développement des moisissures.

« Une des principales précautions de ce genre consisterait dans l'emploi des bondes hydrauliques, dont vous trouverez la description à la page 151 de la dernière édition (1858) de mon *Traité complet de la distillation*. Vous pourrez le consulter à la bibliothèque de la Société.

« Vous pourriez multiplier les essais de ce genre en opérant soit dans des tonneaux, soit dans des bonbonnes, et il est probable que les meilleurs résultats obtenus ainsi se reproduiraient aisément dans de grands vases, cuves closes ou foudres.

« Les détails des pratiques suivies en Espagne pour la préparation des vins fins intéresseraient beaucoup la Société centrale, si vous jugiez à propos de l'en entretenir ; pour mon compte, j'aimerais beaucoup à les entendre de votre bouche soit dans une séance, soit dans un entretien particulier.

« Veuillez agréer la nouvelle assurance de ma haute considération et de mes sentiments affectueux.

« Payen. »

Densité des liquides plus lourds que l'eau distillée.

DEGRÉS de l'aréomètre Baumé.	DENSITÉ correspondante.	POIDS DE L'HECTOLITRE de moût en kilogrammes.	POIDS, EN KILOGRAMME, de l'extrait sec laissé par 1 hectol. de moût.	
		k.	k.	
1	1008	100,800	1,128	
2	1015	101,500	4,000	
3	1022	102,200	5,856	
4	1029	102,900	7,728	Moût de Raisins acides non parvenus à maturité.
5	1036	103,600	9,600	
6	1043	104,300	11,456	Raisins non mûrs donnant un vin faible qui ne se garde pas.
7	1051	105,100	13,600	Moût aqueux et médiocre.
8	1059	105,900	15,728	Moût léger et de qualité moyenne.
9	1067	106,700	17,856	Bon moût.
10	1075	107,500	20,000	
11	1083	108,300	22,128	Moût très-bon pour vins de table de France.
12	1091	109,100	24,256	Moût des vins du Rhin.
13	1099	109,900	26,400	Moût supérieur des bonnes années de France.
14	1107	110,700	28,528	Moût riche des vins du midi de la France.
15	1116	111,600	30,928	Moût très-riche d'Italie et d'Espagne.
16	1125	112,500	33,328	
17	1134	113,400	35,728	
18	1143	114,300	38,128	Moûts des muscats de Lunel et de Frontignan (vin de paille).
19	1152	115,200	40,528	
20	1161	116,100	42,928	
21	1171	117,100	» »	
22	1180	118,000	» »	
23	1190	119,000	» »	
24	1200	120,000	» »	
25	1210	121,000	» »	
26	1220	122,000	» »	
27	1231	123,100	» »	
28	1241	124,100	» »	
29	1252	125,200	» »	
30	1263	126,300	» »	Densité à donner aux moûts destiné aux vins cuits.

Densité du liquide plus léger que l'eau distillée.

DEGRÉS de l'aréomètre de Cartier.	DEGRÉS de l'alcoomètre à la température de 15° centigrades.	DEGRÉ de Cartier à + 10° Réaumur.	DEGRÉS de l'alcoomètre à + 15° centigrades.	DEGRÉS de Cartier à + 10° Réaumur.	DEGRÉS de l'alcoomètre à + 15° centigrades.	CARTIER à + 10° Réaumur.	CENTIGRADES à + 15° centigrades.	CARTIER.	CENTIGRADES.
10	0,0	17	42,5	24	65,0	31	81,2	38	93,3
1	1,3	1	43,5	1	65,7	1	81,7	1	93,6
2	2,6	2	44,5	2	66,3	2	82,2	2	94,0
3	3,9	3	45,5	3	67,0	3	82,7	3	94,3
11	5,3	18	46,5	25	67,7	32	83,2	39	94,6
1	6,7	1	47,4	1	68,3	1	83,6	1	94,9
2	8,3	2	48,3	2	69,0	2	84,1	2	95,2
3	9,9	3	49,2	3	69,6	3	84,6	3	95,6
12	11,6	(1) »	»	26	70,2	33	85,1	40	95,9
1	13,2	19	50,1	1	70,8	1	85,5	1	96,2
2	15,0	1	51,0	2	71,4	2	86,0	2	96,5
3	16,8	2	51,8	3	72,0	3	83,3	3	96,8
13	18,8	3	52,6	27	72,6	34	86,9	41	97,1
1	20,6	20	53,4	1	73,1	1	87,3	1	97,4
2	22,5	1	54,2	2	73,7	2	87,7	2	97,7
3	24,3	2	55,0	3	74,3	3	88,1	3	98,0
14	26,1	3	55,8	28	74,8	35	88,6	42	98,2
1	27,9	21	56,5	1	75,3	1	89,0	1	98,4
2	29,5	1	57,2	2	75,9	2	89,4	2	98,7
3	31,1	2	58,0	3	76,4	3	89,8	3	98,9
15	32,6	3	58,8	29	77,0	36	90,2	43	99,2
1	34,0	22	59,5	1	77,5	1	90,6	1	99,5
2	35,4	1	60,2	2	78,0	2	91,0	2	99,8
3	36,6	2	60,9	3	78,6	3	91,4	3	100
16	37,9	3	61,6	30	79,1	(2) »	»	»	»
1	39,1	23	62,3	1	79,6	37	91,8	»	»
2	40,3	1	63,0	2	80,1	1	92,1	»	»
3	41,4	2	63,7	3	80,7	2	92,5	»	»
»	»	3	64,4	»	»	3	92,9	»	»

Dans cette table de concordance, entre les alcoomètres de fraction et centigrades, les chiffres 1, 2, 3, entre les degrés de Cartier, expriment des quarts de ces degrés.

(1) Eau-de-vie du commerce.

(2) Alcool — —

Je n'ai pas la prétention de faire ici un cours complet d'œnologie, mais je crois devoir seulement rappeler que le ferment est nécessaire à toute fermentation alcoolique. Si le moût ne contient pas la quantité de ferment nécessaire, la fermentation, après avoir été un moment tumultueuse, s'apaisera brusquement pour continuer lentement, mais jamais d'une manière bien complète ; l'excès de sucre restera dans le vin, qui, malgré son haut degré alcoolique, sera douceâtre et pâteux. L'addition de ferment dans les cuves est une nécessité en Algérie ; de même que les brasseurs ajoutent de la levûre au moût de malt et de Houblon pour le convertir en bière, *l'addition de ferment dans les moûts de Vignes d'Afrique, qu'on les ait étendus d'eau ou non, mais surtout si, comme cela se fait habituellement, le Raisin a été récolté trop mûr, est d'absolue nécessité pour faire de bons vins en Algérie.* Quel ferment employer ? levain de pain ou levûre de bière ? Quelle quantité par hectolitre de moût ? l'usage seul en décidera. Le meilleur ferment assurément serait les levûres ou écumes de vins blancs ramassées en France et conservées pour cela, après les avoir pressées et desséchées comme de la levûre de bière, et la quantité par hectolitre de moût devrait varier de 100 à 200 grammes.

J'ai déjà vu en Algérie l'introduction de l'eau dans les moûts, opération faite par hasard, réussir complétement. Je ne sais pas encore si on aura, cette année, suivi mes recommandations à ce sujet, et quels en auront été les résultats ; c'est surtout pour les moûts que l'on voudra traiter avec addition d'eau que la plantation, dans les Vignes, de ceps de teinturier est nécessaire pour donner aux vins de la couleur.

Un passage de la lettre de M. Payen citée plus haut parle d'un troisième procédé à suivre pour faire des vins de table dans les conditions où se trouvent les viticulteurs algériens.

3° *Un cuvage prolongé sur les rafles et pellicules dans des cuves fermées munies de bondes hydrauliques.*

Ce procédé est en partie suivi à Alicante ; il donnerait, j'en suis convaincu, d'excellents résultats en Algérie, mais il faut, pour les obtenir, avoir, comme les possèdent les propriétaires d'Alicante, ces magnifiques installations que le temps et le haut prix de leurs vins leur ont permis d'établir. La valeur de ces installations s'élève bien, en moyenne, au moins à 3,000 francs par hectare des vignobles : elles consistent en chaix voûtés, cuves en maçonnerie plus basses que le sol et recouvertes d'un plancher, chantiers en briques et ciment pour recueillir les coulages, etc., etc. Ce n'est pas de sitôt que les vignobles de l'Algérie pourront permettre à leurs propriétaires de faire de pareilles dépenses. Je me permettrai donc de dire seulement ce que j'ai vu, sans donner de conseils à ce sujet, car, même avec ces installations, malgré les soins qui président aux vendanges et à la fabrication de ces vins, les vins ordinaires d'Alicante ne sont pas de bien bonne garde ; pour vieillir et se conserver il faut qu'ils soient soutenus avec de l'eau-de-vie.

Les Vignes, dans les environs d'Alicante, ne viennent que là où on peut les arroser. Le sol de la huerta est gypseux, de formation récente, un peu salé, analogue aux terrains incultes qui séparent le village de la Senia de celui de Valmy dans la province d'Oran : la Soude et les Ficoïdes y poussent naturellement ; l'irrigation seule a permis d'en tirer un parti quelconque, surtout depuis que la découverte de la Soude artificielle a détruit la culture de la Soude dans ces contrées.

Dans la huerta, l'irrigation a lieu par noria donnant des eaux un peu saumâtres, ou par les eaux douces conservées dans le pentanos commencé par les Maures et terminé sous Philippe II dans les montagnes situées à environ 45 kilomètres au nord-ouest d'Alicante. Le pentanos, dont la digue en maçonnerie a 55 mètres de hauteur, ne fait qu'emmagasiner les eaux de pluie et ne saurait être trop imité en Algérie ; sans lui la huerta d'Alicante n'existerait pas. Les plantations d'arbres sont nombreuses dans les Vignes d'Alicante ; on y voit des Palmiers, des Figuiers, des Amandiers, des Caroubiers, dont le fruit est donné au lieu d'Orge aux mulets ;

chaque ferme est ombragée par de magnifiques Micocouliers, mais la nature salée des eaux et du sol empêche d'y planter des Orangers et des Citronniers.

Le terrain pour la plantation des Vignes est défoncé à $0^{m},60$; la friabilité du sol permet de faire ce travail en deux cents jours environ pour 1 hectare; on y plante ensuite la Vigne à la barre, en espaçant les pieds de $1^{m},40$ environ, soit 5,000 pieds à l'hectare; le travail de la plantation demande trente-six journées. La première année, pour utiliser les eaux d'irrigation, on cultive des légumes entre les lignes des ceps. Les Vignes commencent à produire à trois ans; les arbres sont espacés le long des rigoles d'irrigation; la mesure locale, la pahuela, environ 11 ares 90 centiares, reçoit 600 sarments, à $1^{m},40$ environ en tous sens, et 100 sarments sur le bord des rigoles.

Les cépages cultivés à Alicante sont

Raisins noirs, le morastell donnant un vin liquoreux,
le parell — sec,
le cardaor — un peu moins sec.

C'était uniquement avec le morastell que se faisait autrefois le vin liquoreux d'Alicante, si connu à l'étranger et qui prenait le nom de *fundellol* quand il était vieux. Il ne s'en fait presque plus aujourd'hui, vu le peu de rendement de ce cépage; cependant, comme depuis peu le commerce recommence à demander de ces vins liquoreux et foncés en couleur, on augmente, dans ce but, la proportion du morastell dans les nouvelles plantations, mais son faible rendement en empêchera toujours l'adoption exclusive.

Les Raisins blancs cultivés à Alicante sont

Le forcallat donnant un vin doux,
Le marseguera — —
Le esclafagera — — sec.

On façonne les Vignes à la main : la première façon, donnée en janvier, exige 35 journées à l'hectare; la seconde, en avril, 26. La vendange se fait en octobre.

Les cuves ou piles en maçonnerie sont entièrement logées

dans le sol ; au-dessus se trouve un plancher à claire-voie où l'on foule la vendange; on jette en foulant, de temps en temps, quelques poignées de plâtre sur la vendange et l'on retire une portion des rafles. Cet usage d'employer du plâtre dans les vins est fort ancien ; dans l'île de Crète, on se servait du plâtre du temps des Romains, et leur parfum, leur douceur et leur délicatesse ainsi que leur couleur ambre foncée provenaient de leur longue fermentation sur les pellicules du Raisin. Longtemps controversé au point de vue de l'hygiène publique, un arrêt de la cour de Montpellier vient enfin de reconnaître la parfaite innocuité de cet usage de plâtrer les vins; c'est fort heureux pour les vignerons algériens, car son emploi semble indispensable pour les vins rouges sous ces climats. En 1852 le tribunal d'Oran avait fait jeter à la mer pour plus de 20,000 fr. de vins appartenant à un négociant d'Oran, parce qu'ils étaient plâtrés. La fermentation dans ces cuves en maçonnerie marche régulièrement et dure de vingt à vingt-cinq jours ; le plancher placé pardessus les tient à peu près fermées. Peu de jours après que la fermentation est finie, on soutire et l'on verse le vin dans des muids, de 1,200 litres environ, posés sur des chantiers de maçonnerie, qui, en cas de coulage, reçoivent les vins et les conduisent dans des réservoirs.

Les muids, avant de recevoir les vins, sont rincés à l'eau froide, puis avec de l'eau chaude dans laquelle on a fait bouillir des Caroubes, des Figues et du Fenouil. Les vins restent dans les muids jusqu'au mois d'avril ; à cette époque, on les soutire, on les verse dans de nouveaux muids bien soufrés; l'année suivante, on leur fait subir la même opération, puis on ne s'en occupe plus que pour les ouiller.

Les Vignes sont arrosées abondamment en janvier, puis, quand on le peut, en mai ou en juin, mais jamais après cette époque. L'arrosage d'été dépend de la masse d'eau mise en réserve dans le pentanos; cette année (1858), vu la sécheresse, on n'a arrosé les Vignes d'Alicante qu'en janvier. Au printemps, on n'ajoute pas d'eau-de-vie aux vins d'Alicante, car les propriétaires cherchent à les écouler de suite et en bloc; dans leurs chaix voûtés et froids leurs vins se conservent jusqu'au moment de la vente. Faire vieillir les vins est, à Alicante comme à Jerez, une spéculation à part, en dehors de la production, et où l'on emploie des procédés divers, qu'il est trop éventuel pour des viticulteurs de poursuivre, surtout avec les variations de ces dernières années, variations qui ont été de 6 à 60 fr. l'hectolitre. L'hectolitre vaut actuellement 33 fr. à Alicante; à 25 fr., le propriétaire de Vignes fait fort bien ses affaires.

Si je suis entré, messieurs, dans autant de détails sur la culture de la Vigne et la fabrication du vin à Alicante, c'est que je crois que, dans les procédés et le choix des cépages des vignerons d'Alicante, il y a beaucoup de choses bonnes à prendre pour les viticulteurs algériens, surtout pour ceux des environs d'Oran, et qu'il n'y a pas jusqu'à ce bouquet particulier, un peu médicinal, qui fait surtout le mérite et la valeur de ces vins pour les estomacs délabrés, que l'on ne puisse obtenir dans ces terrains gypseux, aujourd'hui couverts de soudes, si nombreux dans la province d'Oran.

L'usage de cuves en maçonnerie semble aussi indispensable en Algérie pour faire de bons vins rouges, en obtenant par leur emploi des fermentations lentes et régulières qui, seules, permettent au sucre de se convertir tout entier en alcool. Je ferai remarquer aussi la présence, dans tous les vignobles d'Alicante, de cépages à raisins blancs donnant des jus abondants et destinés à combattre le morastell, qui donne des jus très-sucrés et très-foncés; l'irrigation aussi doit contribuer à rendre les moûts moins sucrés. Ce sont autant de renseignements bien utiles pour l'Algérie et qui peuvent éviter bien des tâtonnements. L'égrappage, qui est employé à Alicante, prouve également que cette opération pourra être faite sans autre inconvénient, en Algérie, que de donner des vins plus lents à se dépouiller.

Le climat à Alicante est peut-être plus chaud qu'en Afrique. Tout le pays est exposé au versant sud, tandis que l'Algéric l'est au versant nord. Ce qui semble confirmer cette opinion, ce sont les magnifiques bois de Palmiers d'Elche, dont les dattes mûrissent fort bien. Par conséquent, du moment où l'on fait de bons vins de table à Alicante, il est certain que l'on en fera de bons, un jour, en Algérie, en s'y servant de cépages et de procédés pareils à ceux en usage dans cette localité.

Tout, en second lieu, est rationnel dans les procédés suivis à Alicante, et conforme à ce que la théorie nous apprend.

L'irrigation et les cépages à Raisins blancs dans les Vignes d'Alicante produisent des moûts plus abondants et d'une densité d'un degré peu élevé. L'emploi d'une certaine quantité de Raisins rouges très-colorés remédie à l'inconvénient que l'on aurait d'avoir des vins peu foncés en couleur ; le plâtre vient aider à cette opération en donnant plus de limpidité à la couleur, et peut-être en facilitant la fermentation. L'égrappage, les cuves en maçonnerie logées dans le sol, leur fermeture presque hermétique, la température basse des chaix, rendent la fermentation plus prolongée et produisent alors de bons vins. Le viticulteur algérien qui parviendra à réunir toutes ces conditions dans la fabrication de ses vins réussira bien certainement.

Ces conditions, il est vrai, le vigneron algérien les rencontrera difficilement chez lui ; les terrains maigres et caillouteux, les meilleurs pour produire des vins savoureux, sont bien rarement arrosables en Algérie. Les terrains gras et fertiles des plaines arrosables conviennent peu à la production des vins fins, et je n'oserais conseiller les coûteuses installations vinaires d'Alicante; mais ce qui sur bien des points exigerait moins de dépenses, et serait tout aussi bon, ce serait de profiter des quelques grottes naturelles que l'on peut rencontrer, ou bien, à l'imitation de bien des pays et surtout de la Champagne, creuser des caves dans les rochers friables des coteaux ; outre le bon marché du prix de revient de ces caves, et la facilité de pouvoir les étendre indéfiniment au fur et à mesure des besoins, on y rencontrerait la condition de température froide et égale, indispensable à la fabrication de bons vins en tous pays, mais en Algérie surtout.

II. J'ai dit plus haut que, dans les contrées bornées au nord par la ligne isothermique qui sépare la zone équatoriale de la zone septentrionale de la culture de la Vigne, les moûts étaient presque toujours surchargés de sucre : c'est une condition excellente pour faire les vins de liqueur ; car, comme l'écrit M. Lenoir au chapitre IX de son ouvrage :

« Tout moût de Raisin dont la fermentation, avec ou sans « production sensible d'acide carbonique, ne décompose « qu'une partie de la matière sucrée et en laisse sans altéra- « tion une quantité notable *produit un vin de liqueur*.

« Tout moût de Raisin naturellement très-sucré, ou rendu « tel par l'évaporation, auquel on ajoute une proportion « d'alcool suffisante pour arrêter toute fermentation sensi- « ble, *devient par là un vin de liqueur*. »

L'Algérie est donc dans les meilleures conditions possibles pour faire des vins de liqueur et en faire de toutes les espèces ; c'est, à mon avis, un des plus beaux fleurons de sa couronne. Le jour où l'Algérie se lancera dans cette production, son succès sera certain et immédiat. Quand on pense que Jerez exporte pour 60,000,000 de francs tous les ans, que Malaga exporte 35.000 pipes de 472 litres ou 165,200 hectolitres dont la valeur, de 30 à 50 fr. pour les vins nouveaux, s'élève jusqu'à 1,000 fr. l'hectolitre pour les vins vieux, et que ces contrées ne peuvent fournir aux demandes du commerce, il faut avouer que l'Algérie a une belle marge devant elle et n'aura pas de grandes difficultés pour écouler ses vins de liqueur le jour où elle en fera.

Si, jusqu'à un certain point, la production, en Algérie, de vins de table peut paraître à quelques personnes à idées étroites une concurrence directe aux produits de la mère patrie, la même objection ne peut être faite à la production des vins de liqueur en Algérie ; à peine si les contrefacteurs de vins de toute nature fabriqués à Cette oseraient dire un mot. Malheureusement, pour les raisons énoncées plus haut, la culture de la Vigne n'a nullement été encouragée en Algérie, c'est plutôt le contraire qui a eu lieu. Si la moitié des sommes dépensées en faveur de l'introduction de la cochenille, ou autre culture de ce genre-là, avait été employée à livrer gratuitement aux colons de bons cépages, à les renseigner sur les meilleurs procédés de vinification, au lieu d'avoir encore tout à faire maintenant dans cette voie, l'Algérie commencerait à produire, et une fois qu'elle commence elle va vite. Actuellement encore, on peut le dire, cette industrie viticole est entièrement à introduire en Algérie; c'est à peine si quelques essais de fabrication de vins de liqueur ont été faits. Et cependant, sur cette question, rien n'aurait pu éveiller les justes susceptibilités des producteurs français; au contraire, l'intérêt de la France se trouve lié intimement à celui de l'Algérie. La France veut la prospérité de l'Algérie, son amour-propre et son intérêt l'y obligent, car elle sait bien que chaque million que produit l'Algérie est un million de plus de marchandises à y expédier, et que le jour où l'Algérie exportera pour 20 millions de vins ou eaux-de-vie, 15 millions écus au moins prendront la route des marchés français.

Développer, faciliter, encourager par tous les moyens possibles la production, en Algérie, des vins de liqueur est donc une œuvre éminemment utile et française.

On peut diviser les vins de liqueur en trois classes, en prenant pour types trois vins produits dans la Péninsule ibérique :

1° Le *porto*, pour les vins rouges surchargés d'alcool;

2° *Les vins de Malaga* comme types

- 1° *des vins cuits*,
- 2° *des vins muscats liquoreux*;

3° *Les vins de Jerez de la Frontera* comme types

- 1° des vins blancs doux renforcés par des alcools,
- 2° — secs, comme *l'amontillado*,
- 3° des vins liquoreux, comme le *pajarete*.

1° Longtemps l'Angleterre seule pouvait exporter chez elle les vins de Porto, moyennant un droit de 150 francs par pipe de 522 litres. Depuis 1853, le monopole est détruit, et le droit d'exportation pour tout pays est de 3,000 reis par pipe (18 fr. 27 c.); mais ce droit ne peut être exercé qu'après vérification faite par une commission de dégustateurs, qui accorde ou refuse l'autorisation d'exporter, et délivre ou refuse *le bilhete*. Mais comme, avec un pareil système, une large porte est ouverte à la fraude, vignerons et négociants ne s'en privent pas; en 1857, à Villa-Nova, dont le territoire avait produit, à peine, 6,000 pipes, on en a vendu 15,000. C'est, au reste, dans cette ville, que sont transportés tous les vins destinés à l'exportation, et qu'ils y reçoivent immédiatement *la quantité d'esprit de vin nécessaire, sans laquelle ils ne pourraient pas se conserver*.

Exportation des vins de Porto.

Angleterre.	26,077 pipes.
Brésil.	7,180
États-Unis.	2,628
Villes hanséatiques. . . .	803
Jersey et Guernesey. . .	139
Suède et Norwége. . . .	122
Hollande.	111
Danemark.	105
Terre-Neuve.	53
Sardaigne.	3
France.	2
Espagne.	1
Rome.	1
Autres contrées. . . .	10
Angola (Afrique). . . .	280
Iles du cap Vert. . . .	9
Açores.	5
Total.	37,529

A raison de 700 francs la pipe, 26,326,300 francs.

N'ayant pas été à Oporto, je ne puis donner de détails sur la culture des Vignes dans cette localité, ni sur la fabrication des vins, ou la quantité d'eau-de-vie et de fleurs de sureau qu'on y introduit; mais évidemment, en Algérie, on doit arriver, avec des cépages et des soins convenables, à produire des vins similaires. L'Angleterre serait naturellement le point où on devrait les écouler, et à moitié prix, 70 francs l'hectolitre, prix magnifique pour les producteurs, on serait assuré de les vendre facilement.

Il serait nécessaire d'étudier sur les lieux le mode de culture et de fabrication employé par les vignerons du Alto-Douro, pour le faire connaître aux vignerons algériens.

2° Parmi les six ou sept espèces de vins qui se fabriquent à Malaga, les vins muscats, et les vins doux cuits, dits de Malaga, sont les plus connus et ceux dont l'exportation est plus importante, puisqu'elle représente de 16 à 20,000,000 de francs; mais ce qui doit également attirer l'attention des viticulteurs algériens sur les vignobles de Malaga, c'est la fabrication des Raisins secs.

N'ayant pas encore pu aller étudier ces deux questions sur les lieux et ayant l'intention de le faire dans le courant de l'année prochaine, je n'en parlerai pas aujourd'hui.

3° A mon avis, la création, en Algérie, de vignobles destinés à imiter les vins de Jerez est de beaucoup la plus importante. Jerez et ses environs ne suffisent plus à la consommation immense qui se fait de ces vins. Le manque de bras et peut-être de terrains propices limite forcément cette production ; les débouchés sont donc certains, les cours à des prix élevés pour l'Algérie, si, et je ne sais pas pourquoi elle ne le ferait pas, elle se mettait à produire ces vins-là. Pour se rendre compte de l'importance de ce commerce, il faut savoir que Jerez de la Frontera exporte annuellement par Puerto Santa-Maria, une moyenne de 200,000 hectolitres au prix moyen de 300 francs l'un, et que, quand même l'Algérie ne pourrait produire que les eaux-de-vie de vins blancs dont les négociants de Jerez ont besoin pour mêler à leurs vins, ce débouché serait encore important, car il faut des eaux-de-vie de vins de Jerez pour être mélangées avec eux. Il est fort probable que, si les vins d'Algérie provenants de cépages pris à Jerez et produits sur des terrains de même nature que ceux de cette localité ne leur étaient pas exactement pareils pour le bouquet et la saveur, les eaux-de-vie, du moins, fabriquées avec ces vins auraient la plus grande analogie avec celles de Jerez.

Le sol des environs de Jerez de la Frontera est un calcaire légèrement argileux, d'un gris clair, d'une consistance et d'une fertilité moyennes; il repose sur un tuf ou marne excessivement calcaire qui apparaît dans les chemins creux et sur le faîte des mamelons qui entourent Jerez. Ce terrain porte le nom d'*albariza*. Dans les bas-fonds plus chargés d'humus, il prend le nom de *bugeo*. L'albariza contient de 70 à 96 pour 100 de carbonate de chaux; le reste se compose de silice, d'argile et de magnésie. Cette terre ne se fend pas et ne durcit pas à la sécheresse, c'est la *craie marneuse* des géologues; les Figuiers et Oliviers y viennent bien sans irrigation. Ce terrain se retrouve sur l'autre rive de la vallée formée par l'Atlas d'un côté, et la Sierra-Morena de l'autre, au milieu de laquelle se trouve le détroit de Gibraltar. Je me souviens d'en avoir vu dans la province d'Oran ; ce tuf y apparaît dans les falaises au-dessous de Kerguentah. Le sol des premiers crus de Jerez est formé par la décomposition de ce tuf; ses propriétés absorbantes et hygrométriques expliquent, sans doute, la puissante végétation de la Vigne dans ces terrains, une fois qu'ils ont été défoncés et brisés à coups de pioche. Ce travail est pénible et fort coûteux; on descend à 1 varras 1/4, environ 1^{m},10, et l'on fume abondamment. C'est, au reste, la seule fois que l'on met du fumier dans les Vignes; on plante ensuite à la barre ou à la pioche. J'ai été surpris du peu de régularité de l'espacement des pieds entre eux; cela, il est vrai, a peu d'inconvénients dans des Vignes entièrement cultivées à la main, mais empêchera toujours le travail à la charrue, qui seul peut permettre d'étendre les cultures et qui, dans le Bordelais par exemple, est beaucoup plus économique. Un pareil manque de soin dans des vignobles produisant des vins aussi chers a lieu de surprendre ; j'ai trouvé des pieds espacés à 1^{m},60, d'autres à 2 mètres les uns des autres, dans les mêmes carrés.

Les ouvriers descendent des sierras voisines pour les cultures du printemps ; on les paye 5 francs par jour et nourris ; souvent ils décampent avec leurs arrhes. M. de Domecq, vice-consul de Jerez et allié à de nos plus nobles familles de France, est le plus notable propriétaire et négociant de Jerez; sa main-d'œuvre dans son hacienda de Macharnudo s'élève à plus de 120,000 francs par an : mille cinquante ouvriers y étaient encore employés au moment de mon passage ; d'immenses salles chauffées et éclairées par de vastes cheminées placées au centre et supportées par quatre colonnes les reçoivent pour la nuit, et des marmites gigantesques placées sur un foyer unique permettent de faire le puchero commun.

Deux variétés de Vignes, toutes deux à Raisins blancs, sont seules cultivées à Jerez : l'une, le *palomino,* Vigne à bois blanc, feuille blanchâtre veloutée de blanc par-dessous; l'autre, le *pedro-ximenez,* Vigne à bois légèrement rouge, feuille découpée d'un vert vif et lisse en dessous. Ces deux espèces de Vignes servent, avec des procédés différents, à fabriquer les diverses variétés de vins que produit Jerez. Ceci prouve assez que la manipulation est tout, dans la fabrication des vins liquoreux. Ces variétés de vins sont

Le jerez ou sherry des Anglais,

Le pedro-ximenez ou pajarete,

L'amontillado, dont la qualité supérieure prend le nom de *manzanillo*.

Les soins les plus assidus sont apportés à la culture dans les vignobles de Jerez ; à l'automne, on déchausse la Vigne pour que les pluies d'hiver puissent pénétrer profondément le sol et s'y emmagasiner; puis on donne trois piochages, quelquefois quatre; enfin, et je ne saurais trop recommander cette pratique aux viticulteurs algériens, on butte les ceps jusqu'à la naissance des premières branches pour les prémunir contre la sécheresse. Le buttage est également employé en Espagne pour les Oliviers que l'on vient de planter, et que j'ai vu butter jusqu'à 1 mètre de hauteur ; c'est rationnel contre la sécheresse, et l'usage du buttage des arbres en Algérie doit beaucoup faciliter la reprise des Oliviers que l'on plante dans des terrains non arrosables.

Taille de la Vigne dans les vignobles de Jerez.

Une année.

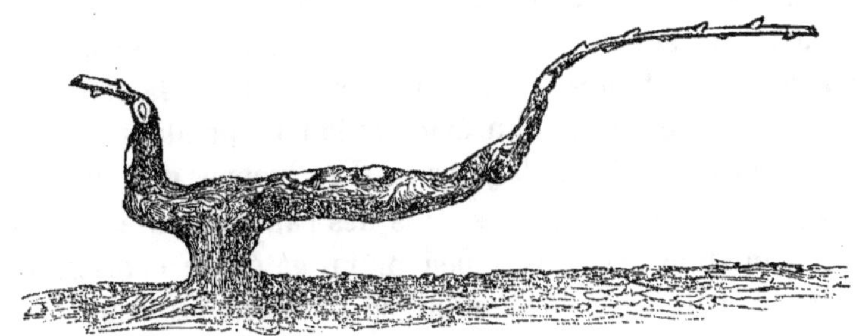

L'année suivante.

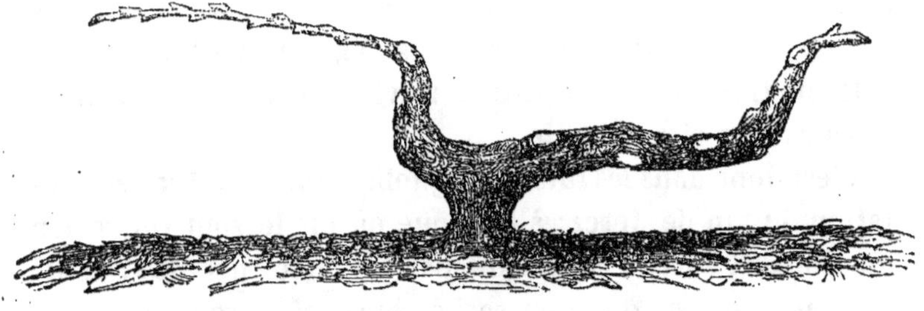

La taille est toute particulière et fort remarquable à Jerez ; employée en Algérie, elle forcera, sans doute, à se mettre à fruit bien des ceps d'origine espagnole qui, jusqu'à présent, n'ont jamais rien voulu produire, par excès, sans doute, de fertilité du sol et de vigueur des ceps. Cette méthode tient de la taille à court bois et de celle dite *en sautelle* ou courbeaux dans le Bordelais, de la taille *à aste* et de la taille *à cot*. La première année de la plantation, le cep est mis sur deux bras ouverts près de terre; puis, alternativement, on en taille un à aste et l'autre à cot : l'aste que l'on laisse ainsi une année sur un bras et l'année suivante sur l'autre a de 50 à 80 centimètres de longueur. J'ai compté, sur un pied ainsi taillé, trente-quatre grappes qui, au 11 mai, avaient déjà 12 à 15 centimètres de longueur. Les Vignes sont entretenues par le provignage; c'est peu de chose à faire chaque année, car un cep dure à Jerez soixante ans et plus.

Mais c'est surtout à la récolte que l'on apporte à Jerez tous les soins, toutes les précautions possibles; la vendange a lieu en septembre, et on évite de la faire pendant les heures les plus chaudes de la journée. Les grappes sont cueillies très-doucement et déposées dans des paniers; on en enlève avec soin tous les grains peu mûrs, gâtés ou écrasés. On laisse, pour le jerez et l'amontillado, les grappes deux jours exposées au soleil sur des paillassons de sparterie, puis on les foule dans de larges caisses en madriers de 0^{m},60 environ de profondeur : le jus qui s'en écoule est immédiatement porté dans des fûts; il y reste jusqu'au mois de mars : à cette époque, on le soutire et on le transporte des chaix des vignobles dans les bodégas des négociants situées toutes à Jerez. C'est là que s'opère le travail qui lui permettra de se conserver et de vieillir.

C'est donc dans les fûts des vignobles que se fait la fermentation du vin de Jerez; à l'époque où on le soutire, ce vin est doux et sucré; cependant parfois on trouve des fûts de manzaniello sans que l'on sache pourquoi ils sont ainsi. Sec et savoureux, ce vin rappelle assez bien le vin de Sauterne.

Le *pedro-ximenez* ou *pajarete* est le même vin sous deux noms différents; l'un lui venant du cépage qui sert uniquement à le faire, l'autre du vignoble où il a été produit pour la première fois. Quinze jours d'exposition au grand air préparent suffisamment le Raisin pour produire ce vin, qui, du reste, se traite ensuite comme le jerez.

Pour conserver le jerez resté doux, il faut y ajouter de l'eau-de-vie; on le fait dans la proportion, dit-on, de 2 pour 100, mais je soupçonne fort qu'il en est versé davantage : dans tous les cas, les eaux-de-vie d'Espagne étant généralement à 65 degrés cent., cela représenterait bien au moins 3 pour 100 d'eau-de-vie à 50 degrés cent. Les eaux-de-vie sont faites avec les vins de pressoir et le vin provenant de tous les grains retranchés au treillage. On laisse ensuite les vins dans les *botas* ou muids de 504 litres vieillir dans les immenses chaix ou *bodégas*, en ayant soin seulement de les ouiller toujours avec du vin de la récolte postérieure. La bonde est recouverte d'une simple planchette uniquement pour empêcher la poussière de tomber dans les futailles. On vend ces vins dès la quatrième année, mais il faut attendre dix ans pour qu'ils soient tout à fait bons.

Rien dans les procédés de vinification de Jerez ne vient combattre la théorie que j'ai exposée plus haut.

Dans le Pajarete, la dessiccation du Raisin au grand air fait que le sucre est tellement en excès dans les moûts, qu'il n'y a plus possibilité de fermentation acétique au printemps.

Sans l'eau-de-vie, les vins de Jerez restés doux se comporteraient au printemps exactement comme les vins d'Afrique, et je considère l'emploi de l'eau-de-vie en Algérie comme indispensable et devant être immédiatement essayé par tous les propriétaires qui ont des vins rouges ou blancs de la récolte dernière chez eux.

L'amontillado ou manzanillo est le résultat de fermentations parfaites, qui, par des raisons qu'il ne m'a pas été donné de découvrir pendant mon court séjour, se sont accomplies en entier dans certains fûts; ce vin, même sans eau-de-vie, est d'assez bonne garde. Les vins de Mascara et de Milianah ont une certaine analogie de saveur avec lui. Je suis convaincu que, dans cette localité, *avec des cépages* et des soins convenables, on arriverait assez vite à faire des vins se rapprochant du jerez et de l'amontillado et imitant, dans tous les cas, parfaitement le pajarete.

A Jerez, une arroncada de 80 varras au carré ou 46 ares 44 centiares contient, en moyenne, 2,000 ceps et produit, bonne année moyenne, 3 botas ou 1,512 litres, soit environ 32 hectolitres à l'hectare ; on calcule que l'arroncada coûte 50 douros de façon ou 262 fr. 50. Les frais de récolte varient selon le rendement, mais le capital engagé dans le défoncement du sol, dans les immenses constructions des bodégas, l'eau-de-vie que l'on ajoute aux vins, leur ouillage pendant dix ans, et surtout l'intérêt du capital engagé pendant tout ce temps, expliquent le haut prix des vins de Jerez, qui varie de 40 à 84 fr., et même plus, en moyenne, l'arrobe de 16 litres, selon âge et qualité (250 à 525 fr. l'hectolitre, 8,050 à 16,800 l'hectare).

Les vins de Jerez comportent donc, avant d'être exportés, trois séries d'opérations :

Production,

Vieillissage,

Exportation.

Généralement ces trois opérations se font par des mains différentes; M. de Domecq, à l'obligeance de qui je dois d'avoir pu prendre tous ces renseignements sur les lieux, réunit ces trois opérations : propriétaire, il produit à lui seul un trentième de l'exportation, environ 6,500 hectolitres par an.

Comme il ne vend jamais avant dix ans et qu'il a beaucoup de vins âgés de plus de vingt ans, c'est donc plus de 100,000 hectol. des vins de prix que j'ai vu réunir dans ses immenses et magnifiques bodégas. Aussi, tout chez lui est à la hauteur d'un pareil commerce, jusqu'aux futailles; tout est fait chez lui et avec un soin et une perfection remarquables. Il ne se sert que de merrains d'Amérique comme colorant moins les vins et encore les fait-on sécher plusieurs années avant de s'en servir. On en avait disposé, dans la cour d'un magasin, le chargement de plusieurs navires, de manière à faire une immense tour d'où l'on découvrait tout le pays. Du sommet, on apercevait au nord le vignoble de Macharnudo éloigné d'environ 12 kil. de Jerez; à ses pieds le vieil Alcazar des rois maures, à l'horizon Cadix et la mer, puis le chemin de fer qui, reliant ces deux villes, passe près de la Chartreuse de *la bataille*, située sur les bords du Guadalete (Oued-el-Tleta), aux lieux mêmes où Rodrigue perdit son royaume et la vie, et d'où les Maures s'élancèrent triomphants pour occuper huit cents ans l'Espagne, et venir faire, à Poitiers, devant les Francs, le premier pas en arrière qu'ils continuent à faire actuellement en Algérie. Quand je voyais de là ce beau pays de l'Andalousie, resté si riche entre les mains des chrétiens et que je pensais que l'Algérie peut un jour, entre nos mains, devenir au moins tout aussi belle, je relevais la tête avec fierté, messieurs, et, plein d'espoir, je me disais que ce que les Espagnols ont fait, les Français, certes, pourront bien le faire. Depuis cette époque, une nouvelle ère semble s'être ouverte pour l'Algérie, et ce que j'entrevoyais comme un rêve deviendra bientôt, je l'espère, une réalité.

Mais que peut-on et que doit-on faire? Quels sont les moyens de répandre rapidement, en Algérie, les bonnes méthodes de fabrication de vins et les bons cépages? Quelle est la part qui doit inccomber à l'administration dans ce travail? C'est ce que je vais chercher à exposer.

Depuis douze ans que j'habite l'Algérie, j'ai pu étudier et apprécier à sa juste valeur le régime économique qui l'a dirigée jusqu'à ce moment, ainsi que l'influence de ce régime sur la population coloniale. Ayant eu personnellement, dans bien des cas, à me plaindre du régime compressif de l'autorité militaire, si j'en prends la défense, on pourra croire à mon impartialité.

L'autorité militaire était la seule autorité qui, par sa spontanéité de décision et sa puissance d'action, pût prendre l'Algérie au début et la faire sortir de ses langes; mais aussi, au milieu des vertus qui lui sont propres, elle avait, comme puissance colonisatrice, les vices inhérents à sa propre institution. Souvent elle péchait par excès de zèle, cherchant à entrer dans les moindres détails du travail de la colonisation, comme il est de son devoir d'entrer dans les moindres détails du fourniment ou de la vie du soldat, ne laissant rien à l'initiative ni à la liberté personnelles et confondant toujours le colon avec le soldat. Le soldat, pour elle, est un être dont il faut qu'elle s'occupe minutieusement, pour lequel elle doit songer à la nourriture, à l'habillement, à l'hygiène, etc., et qu'elle considère comme complétement incapable de se diriger ni de rien produire ou faire en dehors de ses chefs. Cet état de choses était le régime général de la colonie, et, pour ne citer qu'un fait qui me soit personnel, en 1855 je m'étais gratuitement chargé de diriger les travaux d'irrigation des locataires de la plaine de l'Habra, syndiqués, dans ce but, par mes soins. Un article de nos baux avec le domaine mettait ces travaux à notre charge, l'union seule pouvait nous permettre de les exécuter. Par ordre du général gouvernant la province d'Oran, des Arabes commandés par un officier du bureau arabe vinrent combler mes canaux, parce que quelque chose d'aussi essentiellement civile que cette association de travailleurs avait été faite en territoire militaire, non pas contre l'assentiment de l'autorité militaire, mais parce que nous ne l'avions pas prévenue. Nous fûmes forcés d'abandonner ces travaux exécutés par nous, à nos frais, en vertu de nos baux. Moi, qui les avais commandés, j'en fus personnellement pour 1,000 écus de perte. Ces travaux, repris par le génie à cette époque, sont encore à terminer; ils ont, néanmoins, donné une telle valeur à cette plaine de l'Habra, que l'Etat y a vendu pour près de 800,000 fr. de terrains, et que nous, qui avions défriché, arrosé et mis en culture ces terrains, chose qu'on aura, sans doute, peine à croire, nous n'avons pas même pu, après le 1er janvier 1857, achever de récolter les Cotons semés par nous en 1856. Nous avons ainsi été punis d'avoir eu la pensée que nous pourrions, par nous-mêmes, avoir une idée et d'avoir cherché à la mettre à exécution par nos propres forces.

Mais, à côté des inconvénients de cette manière d'agir de l'autorité militaire, il y avait aussi bien des avantages, et je rendrai toujours justice à l'esprit paternel que souvent, il est vrai, sous des formes un peu rudes, on trouvait au-dessus de soi; il ne me viendra jamais à la pensée de rendre l'armée solidaire de l'esprit mesquin et taquin que les colons rencontraient quelquefois dans les officiers de grades inférieurs chargés de l'administration en territoire militaire, et encore moins des faits isolés d'improbité ou d'incapacité de certains officiers des bureaux arabes ou commandants de place, ni surtout des excentricités législatives au sujet de l'application du code civil, commis par des capitaines faisant fonctions de maire et de juges de paix en territoires militaires. Pour moi, la puissance de l'autorité militaire unie à l'esprit des institutions civiles, force et intelligence, liberté et protection, voilà ce qu'il faut à l'Algérie.

Mais, nécessairement, l'autorité militaire ne peut avoir pesé sur la colonisation pendant vingt-cinq ans sans y avoir laissé de profondes traces; la colonisation algérienne, en définitive, est son enfant, et les enfants sont un peu ce qu'on les fait; la colonisation est encore, actuellement, ce qu'elle a dû devenir sous ce genre d'éducation qui, jusqu'à présent, cherchait systématiquement à y étouffer toute initiative personnelle, et ne voyait dans l'Algérie qu'un camp pour y exercer les troupes, quelques colons trop heureux d'être autorisés à produire ce dont ces troupes pouvaient avoir besoin, et de trouver des intendants pour acheter ces produits. Les changements ne se font pas vite, et l'on ne peut songer à un développement subit, immédiat et rapide de l'initiative personnelle en Algérie; en cela aussi, il lui faudra faire son éducation, et l'administration, pendant quelque temps encore, aura à suivre un peu les errements précédents, et devra se charger encore de bien des détails. Nous autres Français, nous sommes tous un peu habitués à voir planer au-dessus de nous un pouvoir fort et puissant, sans lequel la France semble ne pouvoir pas exister ; nous marchons un peu à tâtons quand nous n'en ressentons pas, à chaque pas, la bienfaisante influence. En Algérie, cet état de choses est encore plus saillant ; autant on trouve de forces vives dans les individualités, autant il y a de difficultés à les grouper dans un intérêt commun. Les sériciculteurs du midi de la France ont su se réunir pour envoyer faire faire en Orient la graine des vers à soie dont ils avaient besoin ; je ne crois pas qu'il soit possible, en Algérie, de réunir un nombre suffisant de colons pour payer les frais que pourrait entraîner la continuation des études dont je viens à peine de tracer le programme et surtout pour faire acheter en Espagne les cépages dont on a besoin pour propager en Algérie les bonnes variétés de Vignes. Pour donner une idée des difficultés que l'on rencontre à chaque pas, je puis dire que j'ai reçu, de Malaga, des sarments achetés fort cher qui, soit qu'on les ait plongés dans l'eau chaude ou dans l'eau de mer, étaient morts quand on me les a livrés : cette année encore, pendant mon séjour en Espagne, je me suis entendu pour recevoir vingt mille sarments que je destinais à des plantations de cet hiver; on vient de m'écrire, sous des prétextes futiles il est vrai, que l'on ne pouvait me les livrer. La politesse espagnole m'avait d'abord répondu oui, puis la jalousie espagnole contre l'Algérie a fini par faire dire non. Je ne puis donc faire ces plantations cette année, n'ayant pas le temps de refaire de suite ce long et dispendieux voyage, et l'initiative personnelle que j'avais prise ne me servira à rien. A chacun sa tâche en Algérie, à l'État aussi un peu la sienne, dans ce rude et difficile travail, mais nullement les charges. Que l'État se serve des puissants moyens d'action qu'il a entre les mains pour faire faire des études, prendre des renseignements et les faire connaître, faciliter même aux colons par ses agents les achats, en pays étrangers, des cépages dont ils ont besoin, rien de mieux; mais je respecte trop l'argent des contribuables français pour demander que l'État aille plus loin. Aussi voici seulement ce que j'aurais l'honneur de proposer :

1° Faire étudier, au point de vue scientifique et commercial, la question de l'introduction en grand, en Algérie, de la culture de la Vigne et surtout les divers procédés de fabrication des vins et des Raisins secs sous cette latitude;

2° Faire étudier simultanément sur place, en Espagne, Italie et Grèce, la fabrication des vins de table et des vins de liqueur, et accessoirement la fabrication des Raisins secs de Malaga et de Corinthe, ainsi que la production des Figues et Amandes sèches;

3° Voir, par l'entremise des consuls, quels seraient les moyens à prendre pour se procurer de bons cépages en pays étrangers, le prix de ces cépages bien emballés, les quantités disponibles, les moyens d'expédition;

4° Par l'entremise de l'administration, mais ni à ses frais ni sous sa garantie, chercher à faire arriver en Algérie les quantités et qualités de cépages dont les colons auraient fait la demande six mois au moins à l'avance *et après en avoir déposé la valeur;*

5° Répandre, par la plus grande publicité possible, les instructions au sujet des cultures de la Vigne dans les autres pays, sur les procédés suivis, les installations vinaires, cuves, chaix, pressoirs, caves, etc., etc., telles qu'elles résulteraient de l'étude scientifique de la question et des renseignements recueillis sur les lieux de production;

6° Rétablir, et ceci est de toute justice, la culture de la Vigne et ses produits sur la liste des récompenses officielles que distribue l'État chaque année.

Ces moyens, appliqués pendant quelques années, propageront assez de bons cépages et de bonnes méthodes pour que la question des vins en Algérie ne soit plus qu'une affaire de temps, pour que les terrains moins fertiles et les Vignes plus âgées donnent des vins plus parfumés, et qu'on puisse en dire, avec l'école de Salerne, après les avoir laissés vieillir dans les caves :

Si nocturna tibi noceat potatio vini,
Matutina hora rebibas et erit medicina.

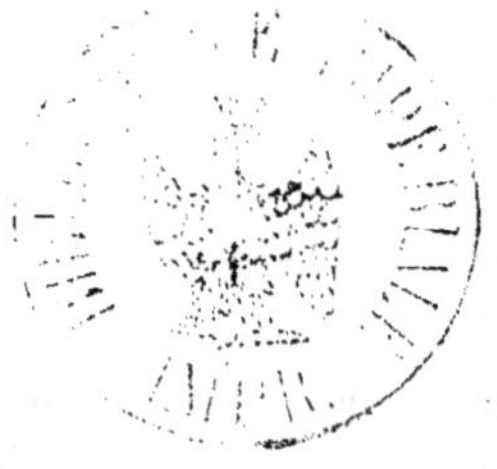

EXTRAIT DES MÉMOIRES DE LA SOCIÉTÉ IMPÉRIALE ET CENTRALE D'AGRICULTURE. — ANNÉE 1858.

PARIS. — IMP. DE Mme Ve BOUCHARD-HUZARD, RUE DE L'ÉPERON, 5. — 1859.

www.ingramcontent.com/pod-product-compliance
Lightning Source LLC
LaVergne TN
LVHW011959160826
845678LV00002B/619

* 9 7 8 2 3 2 9 6 7 9 4 4 0 *